DÉVELOPPEMENT

DE LA

MÉTHODE GRAPHIQUE

10476. — PARIS, IMPRIMERIE A. LAHURE

Rue de Fleurus, 9

DÉVELOPPEMENT

DE LA

MÉTHODE GRAPHIQUE

PAR L'EMPLOI

DE LA PHOTOGRAPHIE

PAR E. J. MAREY

Membre de l'Institut, Professeur au Collège de France

SUPPLÉMENT A LA MÉTHODE GRAPHIQUE

DANS LES SCIENCES EXPÉRIMENTALES

Avec 35 figures dans le texte

PARIS

G. MASSON, ÉDITEUR

LIBRAIRE DE L'ACADÉMIE DE MÉDECINE

Boulevard Saint-Germain et rue de l'Éperon

EN FACE DE L'ÉCOLE DE MÉDECINE

AVERTISSEMENT

Depuis la publication du Traité de *la Méthode graphique dans les sciences expérimentales*[1], j'ai cherché dans l'emploi de la photographie la solution de certains problèmes qui échappaient aux procédés d'inscription mécanique des mouvements. Le succès de ces tentatives a été si complet que je crois nécessaire de faire connaître des procédés nouveaux qui donnent à la méthode graphique son entier développement.

Un artifice qui consiste à prendre sur une même plaque immobile, et à des intervalles de temps égaux, une série de photographies d'un corps qui se déplace, traduit sous une forme extrêmement simple les mouvements les plus compliqués.

La *Chrono-photographie*, tel est le nom que je donnerai à ce procédé expérimental, comble une importante lacune de la méthode graphique. Elle saisit aisément des phénomènes qui échappent à l'observation directe, et même à l'emploi des

---

[1]. Un vol. in-8°, 676 pages. Paris, 1878. G. Masson.

appareils inscripteurs ordinaires. Non seulement les physio-
logistes, mais, en général, tous les expérimentateurs trouveront dans la chrono-photographie la solution d'un grand
nombre de problèmes.

Bien des auteurs ont essayé déjà de montrer les services
que la photographie est appelée à rendre aux différentes
branches de la science; je rappellerai sommairement leurs
travaux, pour faire saisir dans leur ensemble l'extension et
les perfectionnements de cette méthode.

Paris, 22 mai 1884.

TABLE DU SUPPLÉMENT

DÉVELOPPEMENT

DE LA

MÉTHODE GRAPHIQUE

PAR L'EMPLOI DE LA PHOTOGRAPHIE

L'inscription mécanique d'un mouvement, au moyen d'un style qui trace sur un cylindre tournant, exige certaines conditions par fois difficiles à remplir. Il faut d'abord, pour mouvoir ce style, qu'on dispose d'une force suffisante, ce qui n'arrive pas toujours. Dans les cas les plus favorables, l'inscription mécanique se borne à traduire, en fonction du temps, les phases d'un ou de plusieurs mouvements rectilignes. On a vu, dans le Traité de *la Méthode graphique*, comment, par certains artifices, on peut ramener à des mouvements rectilignes un grand nombre de changements d'état. Ainsi, non seulement les mouvements proprement dits peuvent s'inscrire sous forme de courbes, mais les variations d'une force, les pressions, les changements de température ou de tension électrique, et même les quantités de chaleur produites en un temps donné s'inscrivent de la même manière.

Une limite s'impose naturellement à la méthode que nous venons de décrire, c'est quand la force qui engendre le mouvement est incapable de surmonter la moindre résistance. J'ai montré, dans un cas de ce genre, les avantages de la photographie. Il s'agissait d'obtenir l'inscription des changements de niveau d'une colonne de mercure de 1/20 de millimètre de diamètre. Cette petite colonne constitue l'organe essentiel de l'électromètre de

Lippmann. On en a obtenu l'image sur une plaque de collodion humide animée d'un mouvement de translation dans l'intérieur de la chambre noire. La figure (*Méth. graph.*, p. 329) représentait par une silhouette la courbe des mouvements que des variations électriques imprimaient à la colonne de l'électromètre.

La photographie sert de même à inscrire les variations du galvanomètre, celles de l'électromètre de Thomson, de tous les appareils enfin qui sont incapables de vaincre une résistance, si faible qu'elle soit.

Parfois la photographie est un excellent moyen pour contrôler les indications d'un instrument inscripteur dont on suspecte la fidélité ; c'est ainsi que Czermak, supposant que mon sphygmographe pouvait altérer la forme des pulsations artérielles, inscrivit photographiquement les déplacements que le pouls imprimait à un rayon lumineux réfléchi par un miroir léger placé sur l'artère. Le *Pulsspigel* [1] a donné des indications semblables à celles du sphygmographe, mettant ainsi hors de doute l'exactitude de cet instrument. On a parfois recours à la photographie, dans certains cas où l'inscription mécanique eût été possible : pour tracer les courbes du thermomètre, par exemple, et celles du baromètre. C'est à notre avis un abus, car on disposait alors d'une force suffisante pour actionner un style, et on se condamnait inutilement à des manipulations chimiques longues et fastidieuses.

Dans tous ces cas, l'emploi de la photographie n'est encore qu'un succédané de l'inscription mécanique : elle ne traduit que les phases d'un mouvement rectiligne en fonction du temps. Mais cette méthode a un rôle plus grand dans la science ; elle permet d'aborder des problèmes d'une grande complexité et en donne la solution concrète avec une facilité singulière. C'est sur ce genre d'avantages que nous aurons à insister particulièrement.

Ainsi, quand le corps en mouvement est inacessible, comme un astre dont on veut suivre le déplacement ; quand il exécute des mouvements en sens divers, ou d'une étendue si grande qu'ils ne puissent être inscrits directement sur une feuille de papier, la photographie supplée aux procédés mécaniques avec une très grande facilité : elle réduit l'amplitude du mouvement, ou bien elle l'amplifie à l'échelle la plus convenable.

---

1. *Sphygmische Studien* (Gesammelte Schriften von I. Nep. Czermak, II B°, p. 693. Leipzig, 1879).

De la valeur des images photographiques.

Si l'on recherche la sincérité dans les descriptions scientifiques, c'est à la photographie qu'on doit recourir. Les dessins les plus soigneusement faits d'après nature, soit qu'il s'agisse de représenter l'aspect général d'un animal ou d'une plante, soit qu'on ait à figurer les éléments histologiques révélés par le microscope, sont toujours plus ou moins éloignés de la vérité. En outre, ces dessins ne peuvent nécessairement contenir que ce que l'observateur a vu sur la nature; or, que de choses échappent, même à des observations souvent répétées. Dans une photographie, tout est représenté, et, sur une image chargée de détails, si nous ne saisissons pas tout dès le premier coup d'œil, nous pouvons revenir plus tard à un nouvel examen de cette image et y découvrir ce qui nous avait échappé tout d'abord.

Le docteur Francis Galton [1] a publié, sur le rôle de la photographie dans les sciences, de remarquables observations; pour lui, cette méthode est destinée à accroître beaucoup les ressources de l'esprit humain dans les découvertes scientifiques. Dans les sciences naturelles, en effet, nos jugements et nos raisonnements sont basés sur la comparaison, le rapprochement de choses ou de phénomènes que nous avons vus. C'est le plus souvent dans notre mémoire que nous cherchons les éléments de ces comparaisons. Or, quoi de plus infidèle que nos souvenirs? La meilleure mémoire ne représente que ce qu'on a attentivement observé, ce qui a vivement attiré l'attention. En outre, chacun de nous a éprouvé les effets désastreux du temps sur la mémoire : non seulement l'effacement graduel des souvenirs, mais la transformation des faits ou des images, sous l'influence d'autres faits ou d'autres images qui viennent se confondre avec eux. Que de fois, en revoyant à long intervalle les mêmes lieux ou les mêmes objets, ne sommes-nous pas étonnés du faux souvenir que nous en avions gardé?

La photographie, comme toutes les représentations graphiques, est une mémoire fidèle qui conserve inaltérées les impressions qu'elle a reçues. Grâce à elle, au lieu d'invoquer de vagues souvenirs pour comparer entre eux des êtres ou des phénomènes, il

---

1. Voir *Revue scientifique*, n° 2 (13 juillet 1878) et n° 10 (6 septembre 1879).

suffit de rapprocher les unes des autres les figures photographiques de ces êtres ou les courbes de ces phénomènes : les éléments d'une telle comparaison sont les plus parfaits qu'on puisse souhaiter, car on s'appuie sur des documents immuables.

Dans les sciences naturelles, une difficulté se présente souvent: c'est que les proportions de deux êtres morphologiquement analogues sont trop différentes pour qu'on en saisisse aisément les analogies et les dissemblances. Un chat et un tigre, par exemple, se ressemblent par beaucoup de points, mais il y a entre eux certaines différences qui échappent à cause de la difficulté de soumettre à une mesure commune chaque partie du corps de ces animaux. Or, la photographie possède une merveilleuse aptitude à augmenter ou à réduire l'image d'un objet, tout en lui conservant ses proportions, de sorte que deux animaux de tailles très différentes peuvent être ramenés à deux figures égales dont toutes les parties sont représentées à la même échelle, de même que deux figures géométriquement semblables peuvent être ramenées à l'égalité et devenir superposables l'une à l'autre.

Cette méthode des géomètres qui consiste en une superposition fictive de deux figures pour en démontrer l'identité peut être effectivement appliquée, dans le domaine des sciences naturelles, au moyen de la photographie. Développant une belle conception d'Herbert-Spencer, M. Fr. Galton eut l'idée de superposer les unes aux autres les images d'êtres qui se ressemblaient entre eux. Cette superposition se faisait de la manière suivante. Soient dix portraits d'individus d'une même race ramenés à la même échelle ; des repères sont établis pour que chacun de ces portraits se place, tour à tour, devant un même appareil photographique et y peigne son image sur la même plaque sensible et au même endroit. S'il faut dix secondes, par exemple, pour obtenir une photographie, on ne laissera poser chacun des portraits que pendant une seconde, et c'est avec les dix portraits successivement présentés devant la plaque sensible qu'on aura impressionné celle-ci au degré suffisant. Il en résultera une *photographie composite*, comme l'auteur la nomme, et qui n'aura retenu des images successives qui l'ont produite que leurs caractères généraux. Un signe particulier sur l'un de ces visages ne laissera dans l'image collective qu'une trace insensible ; mais les types génériques, les caractères de race s'imprimeront fortement. Si, chez la plupart des sujets qui ont contribué à faire cette photographie, les yeux sont petits, le nez fort, le front bas et les lèvres saillantes, l'image résultante aura tous ces caractères ; et si un individu s'éloigne en quelque chose du type générique, cette exception n'imprimera à l'effet total qu'une modification légère. Dans cette expérience, il se fait automatiquement, et d'une manière extrêmement rapide, une véritable synthèse dans laquelle chacun des éléments complexes entre exactement pour sa part.

Des courbes statistiques pareillement superposées donneraient instantanément des moyennes qu'il serait fort difficile d'obtenir par de lentes additions. Bien plus, la méthode arithmétique est assurément moins bonne, car une variation exceptionnelle suffit pour altérer la moyenne d'un certain nombre de valeurs qui concordaient parfaitement entre elles. La superposition photographique montrerait les exceptions sous forme de traits qui s'écartaient de la direction générale ; elle ferait voir ainsi la parfaite concordance de la plupart des autres éléments dans la courbe résultante.

Enfin, les tracés obtenus au moyen des appareils inscripteurs peuvent avantageusement être comparés entre eux par superposition ; ce serait même le vrai moyen d'obtenir ces courbes idéales qu'on a cherché à définir et qui représenteraient les types normaux des tracés du pouls, de la pulsation du cœur, de la respiration, etc.

Applications de la photographie à l'étude des mouvements complexes.

Pendant longtemps la photographie n'a été employée que pour reproduire la forme d'objets immobiles ; on posait assez longtemps devant l'objectif et le moindre mouvement suffisait pour altérer l'image, au point de rendre un portrait méconnaissable.

Cependant, malgré son imperfection, la photographie pouvait déjà servir à préciser la nature de quelques mouvements : en 1865 MM. Onimus et A. Martin ont photographié de cette manière le cœur d'animaux vivants[1] ; la figure 1 montre un cœur de tortue dans ses deux positions extrêmes de réplétion et de vacuité, c'est-

1. Onimus, *Études critiques sur les mouvements du cœur*, Journ. de l'Anat. et de la Physiol., 1865.

à-dire à la fin de ses périodes de systole et de diastole. Un double contour signale les formes du cœur à ces deux instants extrêmes où il existe une immobilité passagère, tandis que, dans les temps intermédiaires, la forme du cœur est trop variable pour donner son image. La figure 2 représente un cœur de lapin avec ses deux f ormes extrêmes.

Fig. 1. Cœur de tortue
photographié dans ses positions extrêmes
de systole et de diastole.

Fig. 2. Cœur de lapin
photographié dans ses positions extrêmes
de systole et de diastole.

L'emploi du collodion humide, en augmentant la rapidité de la formation des images, ouvrit à la photographie un nouveau champ d'applications. Les physiciens et les astronomes y recoururent pour résoudre certains problèmes pour lesquels l'observation directe était insuffisante. En employant une lumière très intense et en la concentrant dans des images de petites dimensions, on réussit à photographier des corps animés de mouvements rapides, par exemple un diapason vibrant muni d'une petite paillette brilante. Dans ces expériences, la plaque sensible était animée d'un mouvement de translation uniforme et l'image lumineuse oscillait perpendiculairement à la direction de ce mouvement[1].

Tout autre est la méthode imaginée par M. Janssen pour représenter certains phénomènes astronomiques. Il s'agissait de déterminer les positions successives de la planète Vénus à différents instants de son passage au-devant du soleil. M. Janssen, créa pour cet usage son *revolver astronomique* dans lequel une plaque sensible, de forme circulaire, animée à certains intervalles de temps, d'un déplacement angulaire de quelques degrés recevait, à chaque fois, une image sur un point différent de sa surface. La

____

1. Voir, pour les applications de la photographie à l'étude de certains mouvements, Stein, *Das Licht*. Leipzig, 1877.

figure 3 montre une série de photographies représentant les positions successives de la planète Vénus au-devant du soleil, à des intervalles de 70 secondes environ.

Fig. 3. *Fac-similé* positif d'une plaque photographique obtenue avec le revolver astronomique, pour le passage de la planète Vénus sur le soleil, le 8 décembre 1874. (Dessin de M. Janssen.)

Les images ont été prises à des intervalles de temps d'environ 70 secondes. Le disque de Vénus se détache en noir sur un triangle brillant formé par une partie de celui du soleil. Le disque de Vénus, qui, dans la première image, déborde le limbe solaire, est en contact intérieur avec lui à la troisième.

Le même savant a proposé d'appliquer cette méthode des images successives à l'étude de la locomotion animale[1]. Il appartenait à M. Muybridge de San-Francisco de réaliser, par une méthode ana-

1. Voici comment ce savant s'exprimait, en 1878 : « La propriété du revolver, de pouvoir donner automatiquement une série d'images nombreuses, et aussi rapprochées qu'on veut, d'un phénomène à variations rapides, permettra d'aborder des questions intéressantes de mécanique physiologique se rapportant à la marche, au vol, aux divers mouvements des animaux. Une série de photographies qui embrasserait un cycle

logue, l'analyse de la locomotion du cheval, de l'homme et de certains animaux.

M. Stanford, ancien gouverneur de la Californie, pensa que la pho-

Fig. 4. Champ d'expériences établi par M. Muybridge. A gauche, l'écran incliné qui réfléchit la lumière solaire et devant lequel passe le cheval; à droite, la série des appareils photographiques. — D'autres appareils montés sur des tréteaux servent à obtenir des images simultanées du cheval vu sous différents angles.

tographie pourrait saisir les attitudes du cheval dans ses diverses allures et entreprit de faire faire des expériences sur ce sujet; il

entier des mouvements relatifs à une fonction déterminée fournirait de précieuses données pour en éclairer le mécanisme.

« On comprend, par exemple, tout l'intérêt qu'il y aurait, pour la question encore si obscure du vol, à obtenir une série de photographies reproduisant les divers aspects de l'aile durant cette action. La principale difficulté viendrait actuellement de l'inertie de nos substances sensibles, eu égard aux durées si courtes d'impression que ces images exigent; mais la science lèvera certainement ces difficultés.

« A un autre point de vue, on peut dire aussi que le revolver résout le problème inverse du phénakisticope. Le phénakisticope de M. Plateau est destiné à produire l'illusion d'un mouvement ou d'une action au moyen de la série des aspects dont ce mouvement ou cette action se compose. Le revolver photographique donne, au contraire, l'analyse d'un phénomène en reproduisant la série de ses aspects élémentaires. » (*Bulletin de la Société française de photographie*, n° du 14 déc. 1876.)

eut la bonne fortune de confier ce travail à M. Muybridge qui
obtint, dans la photographie des allures, le succès le plus complet.

La description des expériences a été donnée dans un ouvrage[1]
publié sous les auspices de M. Stanford par le docteur Will-
mann.

Le champ d'expérience est formé (fig. 4) d'une route passant
au-devant d'un écran blanc incliné et orienté de manière à
réfléchir la lumière solaire dans la direction des appareils photographiques. Sur l'écran, sont tracées des divisions équidistantes
qui se reproduisent dans les images et servent à mesurer les
distances parcourues par le cheval. Une série d'appareils photographiques sont braqués, en face de la piste, sur les différents
points de sa longueur. Des fils électriques, tendus en travers de
la piste, se rendent à des électro-aimants dont chacun actionne
l'obturateur d'un des appareils photographiques. Le cheval, en
passant sur la piste, rompt successivement ces fils et provoque
l'ouverture successive des appareils dont chacun prend une image
du cheval à l'une de ses attitudes successives. La figure 5 montre
une de ces photographies instantanées du cheval; M. Muybridge
estime que le temps de pose n'était pas de plus de 1/500 de seconde pour chacune des images obtenues.

Ces admirables expériences déterminent les positions des membres et du corps à des instants successifs. Les déplacements s'ap-
précient au moyen des divisions tracées sur l'écran; ainsi, dans
la figure 5, première image, la tête du cheval est comprise dans
l'espace qui porte le numéro 8; la seconde image la montre dans
l'espace n° 9; les images suivantes dans les espaces n°ˢ 10, 11, etc.
Pendant ce temps, chacun des membres subit des changements
d'attitude.

Dans les allures très rapides, M. Muybridge ne put obtenir que
la silhouette du cheval, mais les images étaient encore assez
nettes pour permettre d'apprécier les changements d'attitude des
membres (fig. 6). M. Muybridge m'a gracieusement offert un
curieux album où l'on trouve la représentation de différents animaux en mouvement : bœufs, chèvres, chiens, cerfs, porcs, etc.
Ailleurs sont des coureurs, des sauteurs, des lutteurs, dont les
silhouettes, recueillies instantanément, montrent des attitudes

---

1. *The Horse in Motion* as schown by instantaneous Photography. In-4°. London,
Turner and C°, 1882.

fort intéressantes au point de vue de la représentation artistique des mouvements de l'homme.

PHOTOGRAPHIES INSTANTANÉES DE M. MUYBRIDGE.

Fig. 5. Six images successives d'un cheval *au pas*. La première image est en haut et à gauche. Vitesse du pas : 106 mètres à la minute. L'intervalle qui sépare les divisions verticales tracées sur l'écran est de 0ᵐ,58 ; ces repères servent à déterminer la vitesse de translation du cheval et à mesurer l'étendue des mouvements de ses membres. (Figure tirée du journal *la Nature*.)

Et cependant l'éminent expérimentateur ne se servait, pour ses photographies, que du collodion humide ; la découverte des propriétés du gélatino-bromure d'argent permet aujourd'hui d'obtenir des résultats bien plus parfaits.

Fig. 6. Douze photographies successives d'un cheval *au grand galop*. A la dernière image le cheval est au repos.
Vitesse du galop : 1142 mètres à a minute.

Fusil photographique donnant des images successives à très courts intervalles.

Dès l'apparition des photographies instantanées de M. Muybridge, il me sembla que les mouvements du vol des oiseaux pourraient être analysés au moyen de cette méthode ; mon confrère et ami L. Cailletet m'a dit en effet qu'il avait réussi à prendre des photographies d'hirondelles au vol. Je priai donc M. Muybridge d'appliquer ses appareils à l'étude du vol des oiseaux. Il s'empressa de satisfaire à ma demande, et, lorsqu'il vint à Paris en août 1881, il m'apporta plusieurs clichés représentant des pigeons photographiés en 1/500 de seconde.

Dans ces images, où plusieurs oiseaux étaient figurés à la fois, chacun d'eux se trouvait dans une attitude particulière : l'un avait les ailes élevées, l'autre les portait en avant, un autre les abaissait. Ces attitudes me parurent coïncider assez exactement avec ce que faisaient prévoir les études graphiques dont il a été question (*Méth. graph.*, page 211).

Mais, outre que la netteté de ces images n'était pas suffisante, il leur manquait ce qui donne tant d'intérêt à celle des allures du cheval, la disposition en série montrant les positions successives de l'animal. C'est qu'en effet il n'est pas possible d'appliquer au vol libre de l'oiseau la méthode employée pour le cheval et qui consiste à faire rompre, par l'animal lui-même, des fils électriques échelonnés sur son passage, afin d'actionner une suite d'appareils photographiques.

Je conçus alors le projet de construire un appareil en forme de fusil permettant de viser et de suivre dans l'espace un oiseau qui vole, pendant qu'une glace tournante recevrait une série d'images montrant les attitudes successives des ailes.

La difficulté était d'imprimer à la glace sensible des alternatives de mouvements et d'arrêts assez brefs pour prendre plusieurs images par seconde. Je réussis à construire un instrument qui donnait douze images à la seconde, le temps de pose pour chacune d'elles n'étant que de 1/720 de seconde (fig. 7) [1].

---

1. Le canon de ce fusil est un tube qui contient un objectif photographique. En arrière, et solidement montée sur la crosse, est une large culasse cylindrique dans laquelle est contenu un rouage d'horlogerie ; l'axe du barillet se voit extérieurement

Après quelques expériences d'essai, j'abordai la photographie

en B. Quand on presse la détente du fusil, le rouage se met en marche et imprime aux différentes pièces de l'instrument le mouvement nécessaire. Un axe central, qui fait douze tours par seconde, commande toutes les pièces de l'appareil. C'est d'abord un disque de métal opaque et percé d'une étroite fenêtre. Ce disque forme obturateur et ne laisse pénétrer la lumière émanant de l'objectif que douze fois par seconde, et chaque fois pendant 1/720 de seconde. Derrière ce premier disque, et tournant librement sur le même arbre, s'en trouve un autre qui porte douze fenêtres et en arrière duquel vient s'appliquer la glace sensible, de forme circulaire ou octogonale. Ce disque fenêtré doit tourner d'une manière intermittente, de façon à s'arrêter douze fois par seconde en face du faisceau de lumière qui pénètre dans l'instrument. Un excentrique E (fig. 8) placé sur l'arbre produit cette rotation saccadée, en imprimant un va-et-vient régulier à une tige munie d'un cliquet C qui saisit à chaque oscillation une des dents qui forment une couronne au disque fenêtré.

Un obturateur spécial O arrête définitivement la pénétration de la lumière dans l'instrument aussitôt que les douze images ont été obtenues. D'autres dispositions ont pour but d'empêcher la plaque sensible de dépasser par sa vitesse acquise la position où le cliquet l'amène, et où elle doit être parfaitement immobile pendant la durée de l'impression lumineuse. Un bouton de pression *b* (fig. 7) appuie énergiquement sur la plaque dès que celle-ci est introduite dans le fusil. Sous l'influence de cette pression, la plaque sensible

Fig. 7. Le fusil photographique.
(Journ. *la Nature.*)

adhère à la face postérieure de la roue fenêtrée qui est recouverte de caoutchouc pour éviter les glissements.

On fait la mise au point en allongeant ou en raccourcissant le canon, ce qui déplace l'objectif en avant ou en arrière ; enfin on vérifie cette mise au point en observant

d'animaux en mouvement. On voit (fig. 10) une mouette dont on

au microscope par une ouverture o (fig. 7) faite à la culasse du fusil, la netteté de l'image reçue sur un verre dépoli.

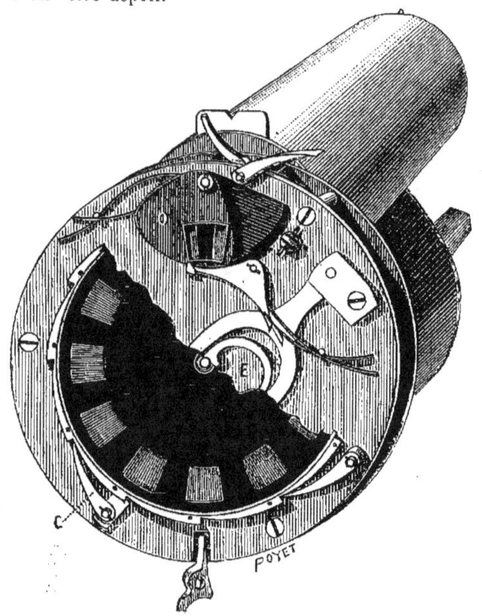

Fig. 8. Disposition intérieure du mécanisme. (Journ. *la Nature*.)

Une *boîte porte-plaques*, de forme circulaire, analogue à celles qui existent dans

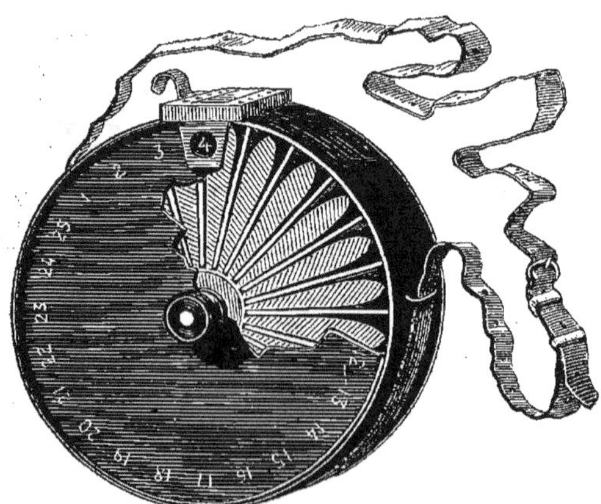

Fig. 9. Boîte porte-plaques. (Journ. *la Nature*.)

le commerce, me sert à loger vingt-cinq plaques sensibles, à les faire passer dans le fusil et à les en retirer sans qu'elles soient exposées à la lumière (fig. 9).

peut comparer les douze attitudes successives pendant la durée
d'une seconde. L'oiseau exécute le vol ramé; il est vu oblique-

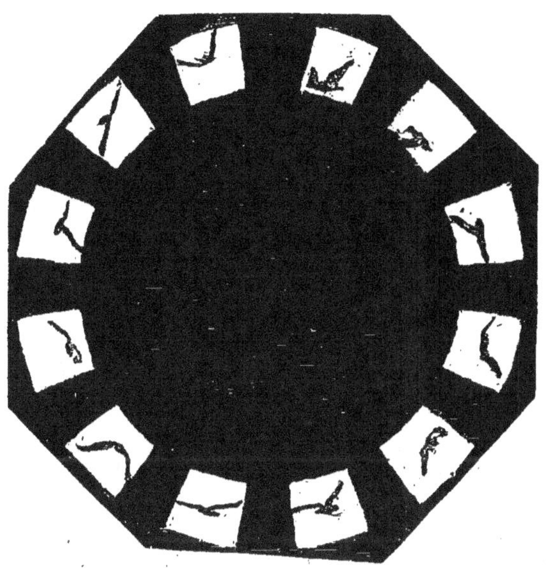

Fig. 10. Épreuve positive d'une plaque du fusil photographique montrant douze images d'une
mouette qui vole. Ces douze images ont été photographiées en une seconde. Pour chacune des
images le temps de pose a été de 1/720 de seconde.

ment; l'observateur est placé en arrière et un peu en dessous.
Dans d'autres expériences, j'ai réussi à photographier la mouette

Avant d'appliquer cet instrument à l'étude du vol, je le soumis à certaines épreuves
expérimentales, et les résultats que j'obtins furent satisfaisants.

Je disposai une flèche noire sur un axe central autour duquel elle tournait en se
détachant sur un fond blanc bien éclairé par le soleil. La vitesse de rotation de la
flèche était telle que ses extrémités parcouraient environ 5 mètres par seconde, ce qui
représentait six tours. Le tireur, placé à 10 mètres, visa le centre de la cible sur lequel
on n'apercevait rien qu'une légère teinte grise générale, à cause de la vitesse de rotation. La plaque sensible, une fois développée, montra douze images disposées circulairement. Sur chacune d'elles la flèche se voyait, avec son ombre portée, à peu près
aussi nettement que si elle eût été immobile.

Une autre fois je photographiai un pendule noir oscillant au-devant d'une règle
blanche portant des divisions. Le pendule battait les secondes, et j'obtins, en effet,
douze images représentant les positions successives occupées par le pendule aux différentes phases d'une oscillation complète.

Pour plus de sûreté dans la mesure des durées, j'adaptai au fusil un appareil chronographique formé d'une capsule à air qui recevait un choc à chacun des déplacements
de la plaque sensible; un tube de caoutchouc reliait cette capsule à un appareil inscripteur qui traçait sur un cylindre tournant, en même temps qu'un chronographe ou qu'un

tandis qu'elle volait en plein travers. Comme l'oiseau donnait exactement trois coups d'aile par seconde, on trouvait dans les douze figures quatre attitudes successives qui se reproduisaient périodiquement. Les ailes étaient élevées dans une première image, puis elles commençaient à s'abaisser dans l'image suivante; elles étaient au plus bas de leur course dans la troisième, et dans la quatrième elles se relevaient. Une nouvelle série pareille de mouvements revenait ensuite.

En photographiant l'oiseau dans d'autres conditions, par exemple lorsqu'il s'éloigne de l'observateur ou qu'il s'en rapproche (fig. 12), lorsqu'il est vu d'en bas ou d'en haut, on obtient d'autres renseignements sur le mécanisme du vol; ainsi, on

diapason d'un nombre de vibrations connu. De cette manière, la durée de l'impression lumineuse et l'intervalle de temps qui séparait les images les unes des autres, étaient mesurés avec une précision satisfaisante.

En agrandissant ces figures, on obtient des images visibles à distance, mais dont la netteté laisse à désirer, car les clichés négatifs sont toujours légèrement grenus. La reproduction de ces images par l'héliogravure ne donne qu'une silhouette noire (fig. 11).

Fig. 11. Agrandissement d'une image du fusil photographique.

Il ne faudrait pas croire, toutefois, qu'on ne puisse jamais obtenir un certain modelé dans les images. Ce modelé s'obtient quand l'oiseau vivement éclairé passe devant un fond obscur. J'ai placé sous un microscope à faible grossissement des négatifs obtenus avec une mise au point bien exacte : sur ces images, qui représentent l'oiseau vu d'en haut, on peut aisément compter les rémiges et saisir l'imbrication de ces plumes.

Si l'on dispose des photographies d'oiseaux sur un phénakisticope, on reproduit bien l'apparence des mouvements du vol, mais les images correspondant à chaque révolution de l'aile sont encore trop peu nombreuses pour se bien prêter à l'analyse de ses mouvements : il faudra donc en augmenter le nombre. On y peut arriver, par exemple, en doublant la vitesse du mouvement de la plaque et des obturateurs, ce que j'ai pu faire avec ce même fusil, tout en ayant encore assez de lumière pour la production des images en silhouettes : la durée de l'éclairage de la plaque n'était alors que de 1/1440 de seconde; encore l'objectif employé n'était-il pas des plus rapides.

observe aisément les changements d'inclinaison du plan de l'aile, l'inflexion des rémiges par la résistance de l'air, les mouvements par lesquels l'aile se porte en avant pendant son abaissement, en arrière pendant son élévation.

Fig. 12. Image d'une mouette venant sur l'observateur.

J'ai comparé, à cet égard, les renseignements donnés par la photographie à ceux que m'avait autrefois donnés la méthode graphique, et j'ai obtenu ainsi la confirmation des points principaux que je croyais avoir établis par la première de ces méthodes. Il ne paraît pas douteux que les images photographiques n'ajoutent beaucoup de connaissances nouvelles à celles que nous avons sur le mécanisme du vol.

La figure 13 représente une série de silhouettes d'oiseaux et de chauves-souris [1] dans les différentes attitudes du vol.

Le fusil photographique se prête plus facilement encore à l'analyse des mouvements beaucoup moins rapides de la locomotion terrestre. On voit (fig. 14) un cheval traînant une voiture; la photographie a été prise d'une distance de 150 mètres; le temps de pose était 1/720 de seconde.

Il est difficile de dépasser le nombre de dix à quinze images par seconde au moyen d'appareils dans lesquels une plaque doit se déplacer et s'arrêter tour à tour pour être impressionnée en des points différents de sa circonférence; j'ai quelquefois doublé cette vitesse, mais alors l'appareil entre en vibration et la netteté des images peut être compromise.

M. Janssen a proposé de recueillir les images sur une plaque animée d'une rotation continue [2]. Il est certain que, si l'on fait les temps d'éclairage assez courts, on rendra négligeable le dépla-

1. La chauve-souris est difficile à photographier, à cause de son vol capricieux, de sa petite taille et de l'heure tardive à laquelle elle se montre. Mes meilleures plaques ne m'ont donné que cinq ou six images sur les douze changements de position de la plaque photographique; encore ces images étaient-elles parfois sur la limite du champ éclairé de l'instrument.

2. *C. R. de l'Académie des Sciences*, t. XCIV, avril, 1882.

Fig. 13. Silhouettes d'oiseaux de différentes espèces et de chauves-souris au vol.

EXPLICATION DES FIGURES CONTENUES DANS LA FIGURE 13.

Les silhouettes ont été groupées le plus souvent en séries représentant les attitudes des différentes espèces d'oiseaux dans l'ordre de leur succession naturelle.

Hibou. — En bas du tableau, H¹ représente un hibou au moment où il commence abaisser ses ailes; H² et H³ montrent l'oiseau à des périodes de plus en plus avancées de la phase d'abaissement des ailes; H⁴ représente les ailes se relevant. La forme sphérique de la tête de l'oiseau en rend la silhouette difficilement intelligible au premier abord; une autre obscurité tient à l'inclinaison oblique du corps de l'oiseau, mais on se familiarise bien vite avec ces aspects de l'animal.

Le *Faisan argenté* F est représenté au moment du départ et dans le milieu de l'abaissement de ses ailes; l'oiseau est encore orienté un peu obliquement; sa face ventrale était tournée du côté de l'appareil.

Le *Pigeon*, P¹ montre la fin de l'abaissement des ailes, P² la fin de l'élévation. L'animal représenté en P³ est un pigeon Montauban : cette espèce vole très mal. Il faut jeter l'oiseau en l'air pour provoquer son essor, et le plus souvent il fait alors exclusivement des efforts dans le but de ralentir sa chute. *p*¹, pigeon-paon vu obliquement au milieu de l'abaissement des ailes; *p*², le même à la fin de cet abaissement.

Mouette. — M représente une mouette volant horizontalement à une faible hauteur et vue un peu d'arrière. (La même silhouette s'observerait si l'oiseau était vu un peu d'avant, mais alors l'image de l'aile droite devrait être attribuée à la gauche, et réciproquement.) Les positions 1, 2, 3, 4, 5 correspondent aux degrés successifs d'abaissement des ailes. M⁶ est une mouette planant et vue d'en haut; M⁷, mouette à la fin de l'abaissement de l'aile et vue obliquement par rapport à la direction du vol; M⁸, autre début de l'abaissement de l'aile.

Bécassine. — B¹ et B², vue presque de face pendant l'abaissement de l'aile ; B³, l'oiseau est vu de côté et par en dessous, à la fin de l'élévation de l'aile; B⁴ et B⁵, l'oiseau se laisse glisser sur l'air avec les ailes demi-fléchies.

Grive. — G¹, la grive vue par en dessous au début de l'abaissement des ailes; G², l'oiseau tient ses ailes presque fermées et se lance comme un projectile jusqu'à un nouveau coup d'ailes; il reprend alors la position G¹.

Émouchet E planant presque immobile : le bec est toujours orienté contre le vent. L'oiseau reste en place au moyen de coups d'ailes qui compensent exactement l'entraînement que le vent lui ferait subir.

Canard. — C¹, C², divers degrés de l'élévation de l'aile; C³, fin de l'abaissement.

Chauve-souris. — Ch¹, milieu de l'élévation de l'aile; l'animal est vu par en dessous. Ch², fin de l'abaissement des ailes; l'animal est vu d'arrière. Ch³, début de l'élévation des ailes; l'animal représenté dans cette figure avait perdu une partie de sa membrane interdigitale du côté gauche; l'avant-bras dénudé imprimait des mouvements étendus à la main encore pourvue de ses membranes.

cement de la plaque pendant le temps de pose; mais, dans la pratique, cette méthode donne des images qui manquent de netteté, à moins d'être prises à d'assez grands intervalles de temps,

Fig. 14. Cheval attelé à une voiture. Photographie instantanée prise au fusil en 1/720 de seconde. Agrandissement à 18 diamètres. (Cette image, n'ayant pas été photographiée contre le fond lumineux du ciel, n'est plus une simple silhouette, mais présente un certain modelé.)

même lorsqu'on l'applique à photographier des objets soumis à une vive lumière. Un autre procédé peut lui être substitué avec avantage ; il consiste à disposer une série d'objectifs circulairement au-devant de la plaque sensible et à démasquer successivement tous ces objectifs au moyen d'un disque fenêtré qui tourne très rapidement. M. Londe m'a montré un appareil de ce genre qu'il a imaginé, et M. Muybridge, de son côté, m'a envoyé les dessins d'un instrument semblable.

Dans son instrument, M. Londe a donné au disque tournant qui démasque successivement les différents objectifs une vitesse insuffisante pour prendre des images à très courts intervalles. J'en ai fait construire un du même genre dans lequel les six images sont prises en 1/10 de seconde : l'intervalle de temps qui s'écoule entre chacune d'elles est donc de 1/60 de seconde et, comme l'ouverture qui laisse passer la lumière n'est que d'un centième de la circonférence du disque, le temps de pose pour chaque image n'est que d'un millième de seconde [1].

Cet appareil est spécialement destiné à étudier les phases d'un mouvement très rapide exécuté sur place par un homme ou par un animal; les mouvements accompagnés de translation du corps sont plus facilement analysés par une méthode qui sera

Fig. 15. Une série de silhouettes obtenues à de très courts intervalles, au moyen de l'appareil à six objectifs. L'homme qui lance une pierre présente des attitudes différentes du bras, et la pierre elle-même se déplace d'une image à l'autre. (La partie inférieure du corps était cachée par une balustrade; on l'a supprimée dans la figure.)

décrite tout à l'heure. Mais si nous considérons par exemple l'acte de lancer une pierre, l'homme dont on prend l'image reste en place au-devant de l'appareil; son bras seul est animé d'un mouvement rapide dont il s'agit de déterminer les phases. La

1. Une grande difficulté se présentait dans la construction de cet instrument : c'est de ne laisser arriver la lumière qu'une fois dans chacun des six objectifs. Pour cela, un obturateur spécial doit s'ouvrir, à un instant donné de la rotation du disque, rester ouvert pendant un tour complet de celui-ci et se fermer à la fin de ce tour. C'est au moyen de l'air comprimé et en serrant une poire en caoutchouc que l'on produit l'entraînement de cet obturateur par le disque et sa clôture, après une révolution du disque. L'extrême vitesse des pièces qui se rencontrent donne lieu à un choc violent et compromettra certainement la durée de l'instrument.

figure 15 montre une série de silhouettes ainsi obtenues. Ces images, découpées sur le papier, ont été disposées en série linéaire, de façon à bien montrer les changements d'attitude à des instants successifs. La pierre qui, dans la première silhouette (en commençant par la gauche), vient de s'échapper de la main, se trouve de plus en plus haut dans les images suivantes. En même temps, la main se ferme, le bras se porte de plus en plus à gauche et finit par être entièrement derrière la tête.

Images successives obtenues, avec un seul objectif, sur une même plaque immobile.

Dans toutes les expériences qui viennent d'être décrites, les images obtenues sont indépendantes les unes des autres; si l'on en veut tirer la connaissance des mouvements d'un animal, il faut, en s'aidant de repères analogues aux lignes numérotées de M. Muybridge, échelonner ces figures en série et les imbriquer pour ainsi dire, de sorte que chacune d'elles occupe, sur le papier, la place qui correspond à celle que l'animal occupait dans l'espace à l'instant où il a été photographié. Il m'a paru fort utile d'éviter ce travail long et minutieux. J'y suis arrivé par la méthode suivante.

On braque l'appareil photographique en face d'un écran noir, et devant cet écran on fait passer un homme vêtu de blanc, un animal, un objet quelconque, blanchis et vivement éclairés par le soleil. Pendant ce temps, un appareil rotatif laisse passer la lumière à des intervalles réguliers; à chaque admission de la lumière, une image se forme sur la glace sensible, en des points différents.

On conçoit, en effet, que l'appareil photographique puisse être ouvert en face d'un écran noir sans que la plaque en reçoive d'impression. A un moment donné, faisons apparaître devant un point de cet écran un homme vêtu de blanc et fortement éclairé; une image se produira sur la glace. Fermons alors l'appareil et plaçons l'homme devant l'écran, mais en un autre endroit; une autre image pourra être produite encore sans se confondre avec la première, car le déplacement de l'homme aura amené son image en un endroit de la plaque où la lumière n'a pas encore agi. Le rôle de l'interrupteur rotatif est justement de laisser au marcheur le temps de changer de place entre deux photographies successives, et de faire que ces images se trouvent séparées les unes des autres par un espace précisément proportionnel au chemin parcouru par le marcheur entre deux admissions successives de la lumière, c'est-à-dire en 1/10 de seconde.

Fig. 16. Marcheur vêtu de blanc passant devant l'écran noir.
(Fig. empruntée au journal *la Nature*.)

Mais un écran noir éclairé par le soleil réfléchit toujours une certaine quantité de lumière, de sorte que la plaque est notablement impressionnée par les actions successives de cette lumière réfléchie par l'écran à chaque ouverture de l'appareil. Afin d'avoir un champ tout à fait obscur, j'ai dû recourir au procédé indiqué par M. Chevreul pour obtenir le noir absolu. Une espèce de hangar large et profond est peint à l'intérieur avec du noir de fumée[1]; le sol, le toit et les parois sont noircis de la même manière; enfin, on oriente cette cavité de telle sorte que la lumière solaire n'y pénètre pas, tandis qu'elle éclaire le marcheur.

Jusqu'ici, je n'avais pu disposer que d'écrans imparfaits; mais je viens de réaliser, grâce au concours de l'État et de la Ville de

Fig. 17. Chambre noire roulant sur un chemin de fer et s'approchant plus ou moins de l'écran noir. (Journal *la Nature*.)

Paris, une installation appropriée à ce genre d'expériences et à toutes les études relatives à la mécanique animale[2].

On a représenté (fig. 16) un homme vêtu de blanc marchant devant l'écran noir. En bas du terrain sur lequel se fait la marche

1. J'ai introduit récemment dans cette disposition un perfectionnement qui consiste à doubler de velours noir le fond du hangar; cela donne au champ une obscurité absolue.

2. Voir, pour la description de la *Station physiologique* du Parc-des-Princes, *la Nature*, n°s 536 et 539.

est une mire divisée en parties alternativement noires et blanches; ces divisions ont une longueur de 0^m,50; elles se reproduisent dans la photographie et servent d'échelle pour mesurer la longueur réelle des espaces parcourus entre deux images successives, la taille du sujet, l'amplitude de ses mouvements, etc.

En face de l'écran est une chambre noire contenant l'appareil photographique (fig. 17). Cette chambre, montée sur des roues, se déplace le long d'un petit chemin de fer, s'approchant ou s'éloignant de l'écran, suivant les besoins de l'expérience, la grandeur des images qu'on veut obtenir et la nature des objectifs employés.

La figure 18 est obtenue ainsi; elle représente un coureur dont

Fig. 18. Photographies instantanées d'un coureur. Dix images par seconde.
Durée de pose : 1/1000 de seconde. (Journal *la Nature*.)

les images sont prises à des intervalles de 1/10 de seconde; le temps de pose n'est que de 1/1000 de seconde [1].

La méthode des photographies instantanées successives sur fond noir s'applique à l'étude des différents types de locomotion. Les oiseaux blancs, par exemple, donnent de très bonnes photographies sur lesquelles on saisit les curieuses attitudes du corps et des ailes aux différents instants du vol.

---

1. La reproduction des photographies par un procédé qui supprime entièrement l'intervention du graveur présente un sérieux avantage au point de vue de la fidélité des images. J'ai recouru dans cette publication au procédé imaginé par M. Petit et désigné par lui sous le nom de *similigravure*. Il eût été difficile d'obtenir autrement des figures où la précision absolue est une qualité indispensable.

La figure 19 montre un pigeon blanc qui vient d'être lâché au-devant de l'écran noir et qui vole parallèlement à cet écran [1].

On y peut voir, relativement à la netteté des images, une grande supériorité sur mes premières épreuves. Ce ne sont plus de simples silhouettes, comme on en avait le plus souvent avec l'emploi du fusil, mais des images assez bien formées pour pouvoir supporter un agrandissement de dix à quinze diamètres [2]. Ce progrès tient, d'une part à ce que l'objet photographié se détache en

Fig. 19. Images successives d'un pigeon volant devant l'écran noir.

clair sur un fond noir, et d'autre part à la plus grande perfection de la mise au point. En effet, il devient plus facile de régler l'appareil photographique lorsqu'on sait approximativement à quelle distance passera l'oiseau.

Les admissions de la lumière se faisaient neuf fois par seconde, et le temps d'éclairage était d'environ 1/900 de seconde. Cette brièveté du temps de pose est encore une condition nécessaire à

1. Quand on veut étudier le vol d'oiseaux non apprivoisés, il faut leur attacher aux pattes une corde longue et légère fixée par des bracelets de cuir. A son extrémité, la corde est attachée à un pendule pesant formé d'un poids de quelques kilogrammes suspendu à une ficelle. Cette masse cède à la traction de la corde tendue par l'oiseau et empêche la production d'un choc dont les effets seraient dangereux pour l'animal

2. Des photographies de mouettes au vol, d'une netteté parfaite, ont été récemment obtenues par M. Lugardon de Genève. Ces images, prises exclusivement au point de vue artistique, ne sauraient servir à l'analyse physiologique du vol, car elles ne sont point disposées en séries, mais représentent seulement l'une des attitudes de l'oiseau pendant le vol.

la netteté des images, car elle ne permet pas à l'oiseau de se déplacer sensiblement pendant qu'on en prend la photographie.

Si maintenant on considère la série des attitudes que présente l'oiseau aux différents instants de son vol, on trouve quelques images qui, au premier abord, sont assez étranges; ainsi l'oiseau, en abaissant ses ailes, les porte tellement en avant que sa tête disparaît à certains instants, complètement couverte par les ailes, dont la pointe se trouve bien en avant du bec. Cette position singulière se voyait, du reste, sur certaines photographies inédites que M. Muybridge a obtenues et qu'il a bien voulu me montrer. Enfin, on pouvait prévoir cette attitude d'après les résultats que

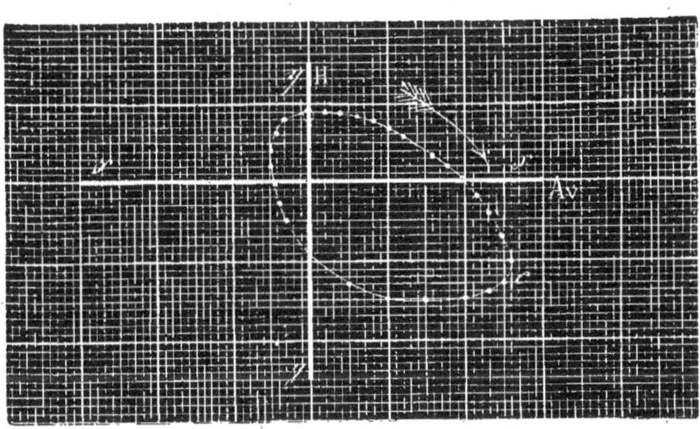

Fig. 20. Trajectoire de l'extrémité de l'aile d'un pigeon, inscrite mécaniquement pendant le vol. Une flèche indique le sens du mouvement de l'aile.

m'a donnés autrefois l'inscription mécanique des mouvements de l'aile.

Cette inscription, péniblement obtenue au moyen d'instruments compliqués et délicats [1], ne paraît pas avoir inspiré beaucoup de confiance à ceux qui s'occupent de l'étude du vol. Toutefois, si l'on rapproche les images photographiques de la courbe tracée par les appareils inscripteurs, on trouve une concordance complète entre la courbe et les photographies. La figure 20, en effet, montre que, sur le pigeon, l'extrémité de l'aile décrit une sorte d'ellipse très allongée; elle fait voir que l'articulation de l'épaule qui correspond par sa position à l'entrecroisement des deux coor-

1. *Comptes rendus de l'Académie des Sciences*, t. LXXIV, p. 589.

données x et y se trouve à la partie postérieure du grand axe de cette ellipse et que, par conséquent, c'est en avant surtout que se porte l'aile de l'oiseau. La photographie justifie donc pleinement les résultats donnés par la méthode graphique.

Dans la figure 20, une flèche indique le sens du mouvement de l'aile : ce mouvement se fait en bas et en avant, puis en haut et en arrière. La photographie doit justifier cette conclusion tirée de l'inscription mécanique du mouvement. Mais, si l'on regarde l'ordre dans lequel se présentent les attitudes successives dans une image collective, on trouve, suivant les cas, des ordres de succession différents : cela dépend du rapport qui existe entre

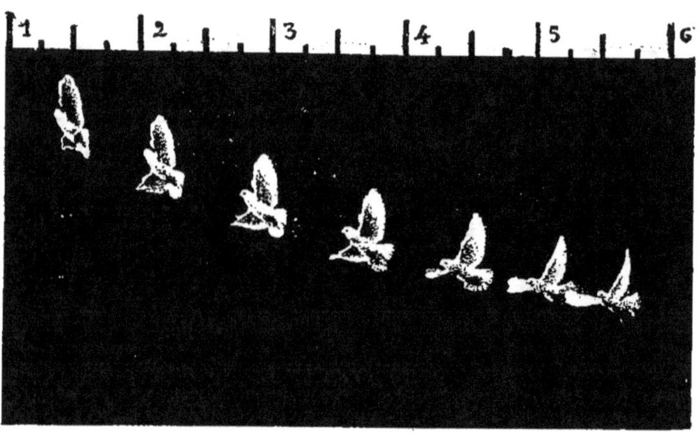

Fig. 21 Pigeon au vol. Les photographies sont prises à la même phase des révolutions successives de l'aile.

l'intervalle de temps qui sépare les images successives et la fréquence des mouvements de l'aile. Ainsi, en ralentissant un peu la rotation du disque fenêtré, on a eu la série d'images représentée figure 21. Dans cette série, à chaque image, l'oiseau se retrouve toujours dans la même attitude : c'est que la période des battements de ses ailes coïncidait avec celle des éclairages de l'appareil photographique. Des expériences antérieures m'ont appris, en effet, que le pigeon donne environ huit coups d'aile par seconde; or c'était précisément la vitesse de la rotation du disque fenêtré; il était donc naturel que chaque nouvelle admission de la lumière retrouvât toujours le pigeon dans la même attitude. Le seul changement, d'une image à l'autre, consistait en une translation de l'oiseau.

La figure 21 montre le pigeon au milieu de la phase d'abaissement de ses ailes. Il n'y a pas de doute à cet égard, les plumes s'infléchissent par la résistance de l'air brusquement frappé, et l'aile se courbe à son extrémité, présentant l'apparence d'une surface à concavité supérieure. D'un bout à l'autre de la série des images, cette attitude se reproduit, sauf quelques différences tenant au changement d'inclinaison du corps de l'oiseau. Ainsi, vers la fin de son vol ascendant, le pigeon redressait son corps et l'inclinait sur le côté, de manière à présenter à l'appareil photographique sa face ventrale.

On voit encore dans cette figure, que les images successives sont séparées par des intervalles assez régulièrement croissants. Cela signifie qu'entre deux éclairages consécutifs, l'oiseau avait parcouru des distances de plus en plus grandes. Tous les oiseaux présentent, au début de leur vol, une accélération de ce genre. Veut-on mesurer en mètres ces espaces franchis par l'oiseau, l'échelle métrique placée en haut de la figure permet cette évaluation et montre que l'oiseau parcourait d'abord 1^m,20 entre deux coups d'aile, c'est-à-dire en $^1/_8$ de seconde, soit 9^m,60 par seconde; du cinquième au sixième coup d'aile, l'espace franchi est de 1^m,70, soit 13^m,60 par seconde.

On remarquera toutefois que, dans cette expérience, le vol ne s'effectuait pas parallèlement au plan de la glace sensible, mais, qu'en s'élevant, l'oiseau se rapprochait un peu de l'appareil. La figure 21 ne serait donc pas favorablement choisie pour déterminer la vitesse du vol.

Dans la figure 19, les espaces successivement parcourus vont toujours en se raccourcissant : cela tient à ce que l'oiseau s'élevait en volant; or, c'est toujours aux dépens de la vitesse que se produisent ces mouvements ascendants.

En faisant varier légèrement la vitesse de rotation du disque tournant, il est clair qu'on ne rencontrera plus la même période des révolutions de l'aile de l'oiseau et que, si la rotation est convenablement réglée, on obtiendra des images dans lesquelles l'aile se montrera à des phases successives de sa révolution. Or ces phases seront d'autant plus rapprochées les unes des autres que la période de révolution du disque fenêtré se rapprochera davantage de celle de l'aile.

On pourra ainsi faire une analyse *stroboscopique* des mouvements du vol [1]. Cette analyse a déjà été tentée il y a quelques années par MM. Gauchot et Pénaud, mais la méthode optique donne des sensations trop fugitives pour qu'on puisse bien saisir la succession des mouvements, tandis que la photographie livre à l'étude un document permanent beaucoup plus précieux.

Suivant que la révolution du disque sera un peu plus ou un peu moins rapide que celle de l'aile, on verra, dans la série des images, une succession différente des mouvements. Pour que la succession des attitudes de l'aile soit en sens direct, c'est-à-dire dans l'ordre où ces mouvements s'effectuent dans le vol, il faut que la rotation du disque soit un peu plus lente que la révolution de l'aile de l'oiseau. Chaque nouvel éclairement de l'appareil rencontrera l'aile à une phase plus avancée de son parcours, et les images s'échelonneront sur la plaque dans l'ordre réel du mouvement. Avec une rotation plus rapide, l'aile se trouverait, au contraire, toujours en retard, et les images donneraient l'apparence de mouvements renversés. C'est ce qui a eu lieu (fig. 19).

Il y a différents moyens pour déterminer si une série d'images donne les mouvements en sens direct ou en sens inverse.

D'abord, il est facile de distinguer une aile qui s'abaisse d'une aile qui s'élève : la première seule présente l'inflexion des plumes par la résistance de l'air et la forme concave par en haut dont nous avons parlé. Si, dans une série d'attitudes voisines, l'une des images montre l'aile infléchie par la résistance de l'air, cette forme suffira pour caractériser le sens du mouvement. Une aile portée en avant et courbée par l'air signifie donc que le sens du mouvement est en avant et en bas.

Un autre moyen consiste à multiplier le nombre des images de manière à être sûr que ce nombre excède de beaucoup celui des coups d'aile, et que, par exemple, quatre ou cinq images consécutives se produisent dans une même révolution du vol. Si le nombre des images était trop grand, il en résulterait de la confusion; mais avec un disque muni de cinq fenêtres, et tournant environ huit fois par seconde, on est assuré d'obtenir les images avec leur succession réelle. On voit alors que le sens du mouvement est bien celui que représente la courbe de la figure 20.

Enfin, si l'on examine la position de l'aile aux différentes phases

---

1. Voir *Méthode graphique*, p. 410.

de son parcours, la photographie révèle les détails les plus intéressants sur le mécanisme du vol.

Toutefois le pigeon se prête mal à de pareilles études, à cause de la fréquence trop grande des battements de ses ailes; mais, malgré cela, on observe déjà certains actes qui échappent à l'examen direct du vol. Ainsi, en suivant l'aile dans son parcours, à partir du moment où elle est en élévation extrême, on voit qu'elle se porte très vivement en avant et cache latéralement la tête de l'oiseau; puis l'aile s'abaisse et s'infléchit sur l'air pendant toute sa phase d'abaissement. A la fin de l'abaissement, les articulations carpiennes, étendues jusqu'ici, se plient soudainement, et le carpe forme au niveau du corps un angle saillant ; les pennes s'écartent l'une de l'autre, et leur imbrication devient apparente. Des espaces libres que l'on a comparés à ceux qui séparent les lames d'une persienne se produisent et semblent avoir pour effet de laisser l'air traverser l'aile remontante. Cette fonction des pennes, déjà maintes fois signalée par les auteurs qui se sont occupés du vol des oiseaux, était jusqu'ici déduite plutôt de l'anatomie que réellement constatée. Existe-t-elle à tous les instants du vol? J'ai quelques raisons de croire qu'elle ne se produit que dans les coups d'aile de départ et que, sur l'oiseau lancé à pleine vitesse, la flexion du carpe et la séparation des pennes cessent de se produire.

Mais, pour juger cette question et beaucoup d'autres encore, il faudra multiplier les expériences, prendre des images en séries, sous différents angles, de manière à voir l'oiseau tantôt de profil, tantôt fuyant ou s'approchant. Enfin, et surtout, il faudra opérer sur des oiseaux de différentes espèces, afin de saisir les caractères particuliers à chacune d'elles.

Emploi des photographies partielles pour étudier la locomotion de l'homme et des animaux.

Lorsqu'on prend sur la même plaque une série de photographies représentant les attitudes successives d'un animal, on cherche naturellement à multiplier ces images pour connaître le plus grand nombre possible de phases du mouvement. Mais, quand la translation de l'animal n'est pas rapide, la fréquence des images est bientôt limitée par leur superposition et par la confusion qui en résulte. On a vu (fig 18), qu'un homme qui court, même avec une vitesse modérée, peut être photographié dix fois par seconde, sans que les images se confondent. Si, parfois, une jambe vient se peindre en un lieu où une autre jambe avait déjà laissé son empreinte, cette superposition n'altère point les images : les blancs deviennent seulement plus intenses aux endroits où la plaque a été deux fois impressionnée, de sorte que les contours des deux membres se distinguent encore aisément. Mais, quand l'homme marche lentement (fig. 22), les images présentent des superpositions si nombreuses qu'il en résulte une grande confusion.

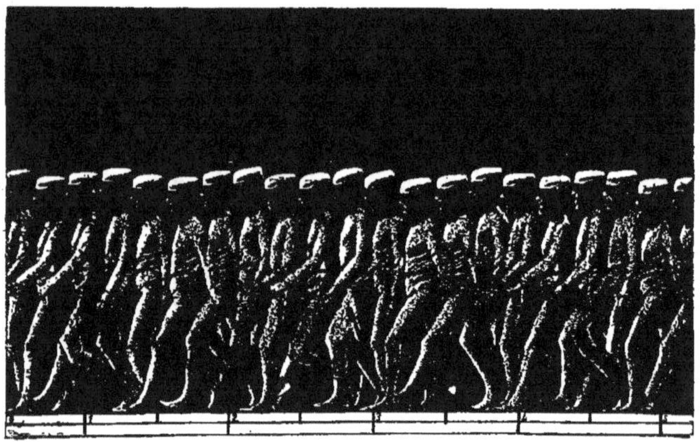

Fig. 22. Homme marchant lentement. (Journal *la Nature.*)

Dans les actes les plus rapides, s'il existe un ralentissement passager du mouvement, la confusion des images peut encore se produire ; ainsi (fig. 23), à la fin d'un saut en hauteur, au moment où le corps retombe, il perd sa vitesse et la superposition des images a lieu. C'est pour remédier à cet inconvénient que j'ai eu recours à la *photographie partielle*, c'est-à-dire que j'ai supprimé certaines parties de l'image pour que le reste fût plus facile à comprendre.

Comme, dans la méthode que j'emploie, les objets blancs et éclairés impressionnent seuls la plaque sensible, il suffit d'habiller de noir les parties du corps qu'on veut retrancher de l'image. Si un homme revêtu d'un costume mi-partie blanc et noir marche sur la piste en tournant du côté de l'appareil photographique la partie blanche de son vêtement, la droite par exemple, on le verra dans les images comme s'il était réduit à la moitié droite de son corps (fig. 24).

Ces images permettent de suivre, dans leurs phases successives,

Fig. 23. Saut en hauteur. Les images se confondent quand le sauteur, retombé sur le sol, ralentit sa vitesse. A gauche de la figure est un cadran chronographique sur lequel une aiguille brillante fait un tour en une seconde. Le nombre des images de l'aiguille et l'angle qu'elles font entre elles font connaître le nombre et la fréquence des admissions de la lumière. (Journal la Nature.

d'une part le pivotement du membre inférieur autour du pied pendant le temps de l'appui, et, d'autre part, pendant celui du levé, l'oscillation de ce même membre autour de l'articulation

Fig. 24. Marche lente. La moitié droite du corps est seule rendue visible.

coxo-fémorale, pendant que cette articulation se transporte elle-même en avant d'une manière continue.

Les photographies partielles sont utiles aussi dans l'analyse des mouvements rapides, parce qu'elles permettent d'augmenter le nombre des attitudes représentées. Toutefois, comme l'image d'un membre présente encore une assez grande largeur, on ne peut multiplier beaucoup ces photographies partielles, sous peine de les confondre par superposition. J'ai donc cherché à diminuer la largeur des images, afin de les répéter à des intervalles extrêmement courts. Le moyen consiste à revêtir le marcheur d'un costume entièrement noir, sauf d'étroites bandes de métal brillant qui, appliquées le long de la jambe, de la cuisse et du bras, signalent assez exactement la direction des rayons osseux de ces membres.

Cette disposition permet de décupler aisément le nombre des images recueillies en un temps donné sur une plaque : ainsi, au lieu de dix photographies par seconde, on en peut prendre cent. Pour cela, on ne change pas la vitesse de rotation du disque ; mais, au lieu de le percer d'une seule fenêtre, on en fait dix semblables et également réparties sur toute sa circonférence[1].

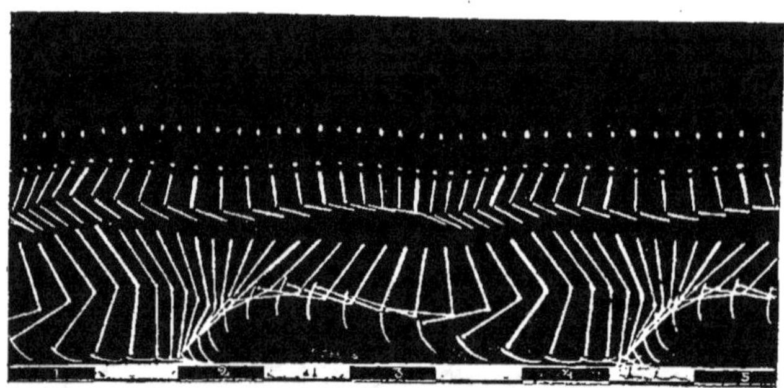

Fig. 25 Coureur dont les images sont réduites à des lignes et à des points brillants dessinant les rayons osseux des membres et les articulations.

La figure 25 est obtenue par cette méthode. Elle montre les phases successives d'un pas de course. Les lignes pleines correspondent à la cuisse, à la jambe et au pied, au bras et à l'avant-bras ; les points, aux articulations du pied, du genou et de la hanche, à l'épaule et à la tête.

Cette figure exprime assez clairement déjà les alternatives de

1. Il est avantageux de donner à l'une des fenêtres un diamètre double de celui des autres ; il en résulte une intensité plus grande de l'une des images et cela facilite l'estimation des temps, en même temps que cela fournit des points de repères pour comparer les mouvements des membres inférieurs à ceux des membres supérieurs. Voir *Comptes rendus* de l'Académie des Sciences, t. XCV.)

flexion et d'extension de la jambe sur la cuisse, les trajectoires onduleuses du pied, du genou et de la hanche, et pourtant le nombre des images n'excède pas soixante par seconde. Un disque obturateur percé de fenêtres plus nombreuses donnerait, s'il le fallait, avec plus de détails, les déplacements angulaires de la jambe sur la cuisse et les trajectoires des trois articulations.

Plus on donne de finesse aux lignes qui expriment la direction des membres, plus on peut multiplier le nombre des images; mais, dans le cas présent, il est plus que suffisant d'avoir soixante fois par seconde l'indication des déplacements du marcheur.

On voit que, dans cette méthode d'analyse photographique, les deux facteurs du mouvement, le temps et l'espace, ne peuvent pas être tous deux estimés d'une manière parfaite. La connaissance des positions que le corps a occupées dans l'espace suppose qu'on possède des images complètes et distinctes; or, il faut, pour avoir de telles images, laisser un intervalle de temps assez long entre deux photographies successives. Veut-on, au contraire, porter à la perfection la notion du temps, on n'y peut arriver qu'en augmentant beaucoup la fréquence des images, ce qui force à réduire chacune d'elles à certaines lignes. On concilie autant que possible ces deux exigences opposées en choisissant pour les photographies partielles, les lignes et les points qui renseignent le mieux sur les attitudes successives du corps.

Il est curieux de voir que cette expression des attitudes successives des membres, au moyen d'une série de traits exprimant la direction des rayons osseux, ait été précisément adoptée par d'anciens auteurs comme étant la plus explicite et la plus capable de faire bien comprendre les phases d'un mouvement. Ainsi, Vincent et Goiffon, dans leur remarquable ouvrage sur le cheval[1], ont essayé de représenter par des lignes diversement brisées les déplacements des rayons osseux des membres aux différents temps d'un pas (fig. 26)[2].

---

1. *Mémoire artificielle des principes relatifs à la fidèle représentation des animaux tant en peinture qu'en sculpture*; par feu Goiffon et M. Vincent. In-fol., 1779.

2. Il est regrettable que ces savants aient eu recours à une méthode tout à fait artificielle pour exprimer le sens du mouvement. Au lieu de représenter les déplacements successifs des membres dans l'espace, ils supposent le cheval immobile et figurent les rayons osseux de ses membres comme s'ils oscillaient en sens alternatifs autour de l'articulation supérieure.

Au commencement de ce siècle, les frères Weber ont eu aussi recours au même mode de représentation pour exprimer les actes successifs qui se produisent dans la marche de l'homme. C'est en réduisant le marcheur à la figure d'un squelette que ces éminents observateurs ont réussi à juxtaposer, sans les confondre, un grand nombre d'images exprimant des attitudes différentes (fig.27)

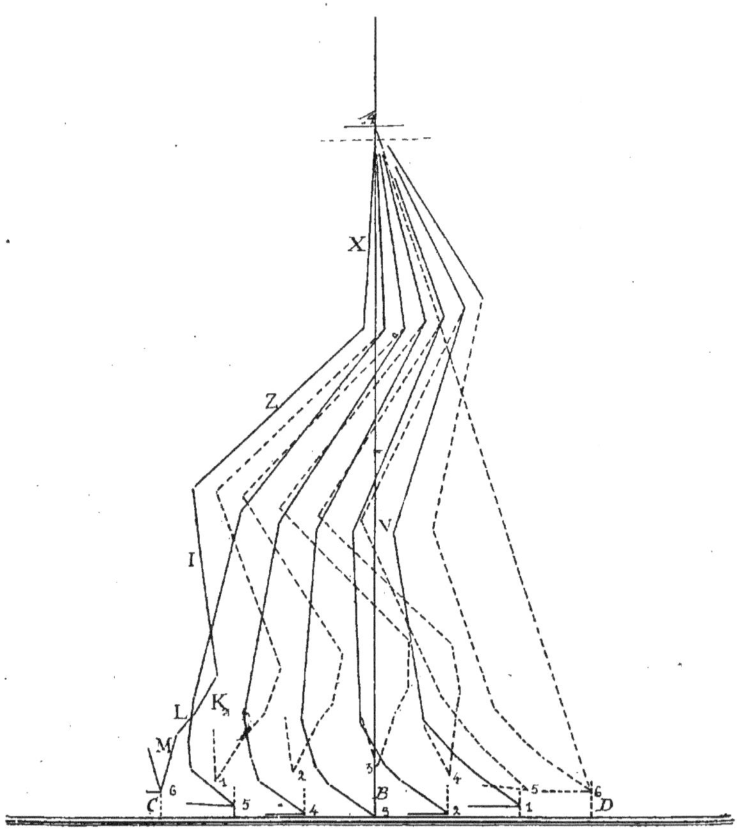

Fig. 26. Représentation des attitudes successives d'un membre postérieur d'un cheval au pas, pendant les différentes phases de l'appui et du lever. Les lignes pleines correspondent aux phases de l'appui; les lignes ponctuées à celles du lever.

Il n'est pas nécessaire d'insister sur la supériorité que présente la photographie, qui donne les positions véritables des membres, sur les dessins construits d'après l'observation directe, incapable de saisir des actes si rapides et d'apprécier de si courtes durées.

Les photographies partielles obtenues par notre méthode permettent d'analyser les différents actes de la locomotion : aussi bien les mouvements qui se font sur place que ceux qui s'accomplissent dans la marche, la course ou le saut.

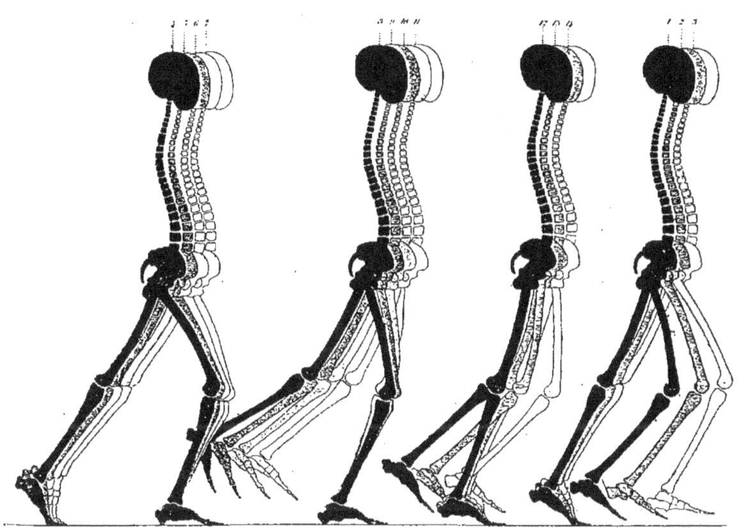

Fig. 27. Représentation des altitudes successives des membres dans un pas de marche. (D'après les frères Weber.)

Photographie des trajectoires.

Bien souvent le problème que se pose le physiologiste est celui-ci : déterminer la trajectoire décrite par un point du corps dans un certain mouvement. La photographie donne aisément la solution désirée.

Devant le champ noir absolu braquons un appareil photographique ouvert en permanence ; la plaque, nous le savons, ne sera point impressionnée. Mais, au-devant de ce champ, lançons une boule de métal brillant, nous recueillerons sur la plaque sensible la trajectoire complète que cette boule a décrite dans l'espace. La plaque photographique conserve indéfiniment l'impression que notre rétine garde passagèrement quand un objet brillant est rapidement agité devant nos yeux. J'ai obtenu ainsi la trajectoire parabolique d'une boule brillante lancée dans un plan parallèle à l'écran noir.

D'autres fois, je signais mon nom dans l'espace au moyen d'une boule de ce genre, et la plaque sensible portait ma signature en caractères parfaitement lisibles. Voulant éprouver la sensibilité de mes plaques photographiques j'accrus la rapidité du mouvement de la boule brillante, je l'attachai à une corde et la fis tourner comme une fronde avec une grande vitesse; en même temps je me déplaçais au-devant du champ noir, afin que les cercles tracés ne se confondissent pas entre eux. J'obtins ainsi des figures en forme de boucles résultant de la combinaison du mouvement rotatif et de la translation.

Dans ces expériences, il faut que la personne qui met en mouvement le point brillant soit entièrement vêtue, gantée et masquée de noir, sans quoi des traces lumineuses viendraient altérer la pureté du champ sur lequel la trajectoire est décrite.

Un grand nombre de problèmes de cinématique consistant à déterminer la trajectoire d'un point soumis à différentes forces sont susceptibles d'être résolus expérimentalement par la photographie.

Ainsi, les géomètres ont déterminé la trajectoire d'un point de la circonférence d'un cercle qui roule sur un plan. La courbe engendrée par le mouvement peut être obtenue par la photographie de la manière suivante : Sur un point de la circonférence d'un disque noir on place une boule brillante ou simplement un petit disque de papier blanc, puis on fait rouler ce disque sur un plan légèrement incliné; le tout étant, bien entendu, placé devant l'écran noir. La courbe engendrée par les mouvements du point blanc est exactement une cycloïde. On conçoit que l'emploi de la photographie s'applique à des mouvements de nature plus compliquée et donne la solution concrète de certains problèmes qui exigeraient autrement des calculs longs et compliqués.

Pour la facile mesure des mouvements décrits par le point brillant, il est commode d'établir un réseau de fils tendus au-devant de l'écran noir, ces fils laissant entre eux un intervalle d'un décimètre ont formé le réseau de la figure 30 et des suivantes. On estime aisément, au moyen de ces divisions, la valeur absolue d'un mouvement quelconque ou, pour parler plus exactement, de la projection de ce mouvement sur le plan vertical représenté par l'écran noir.

Analyse des mouvements des ailes des insectes au moyen de la photographie.

J'ai publié en 1869[1] les résultats d'expériences faites dans le but de déterminer les mouvements des ailes d'un insecte qui vole, avec les changements d'orientation qu'éprouve le plan de ces membranes, sous l'influence de la résistance de l'air. J'appliquais une feuille d'or battu à l'extrémité d'une des ailes de l'insecte et, le tenant captif au bout d'une pince, je le plaçais dans un rayon de soleil au-devant d'un fond noir. La persistance des impressions rétiniennes fait que la trajectoire de l'aile apparaît alors comme une figure, sensiblement fixe, affectant la forme d'un 8 de chiffre. Les branches de cette courbe ont des éclats inégaux, ce qui montre que, dans différents points de son parcours, l'aile est différemment orientée et que, suivant son orientation, elle reflète plus ou moins complètement la lumière du soleil. M. Pettigrew avait signalé cette apparence en 8 de chiffre de la trajectoire de l'aile des insectes, mais il attribuait à cette aile des changements de plan actifs et leur assignait un sens différent de celui que j'ai déterminé.

Cette analyse optique du vol des insectes présente certaines défectuosités : d'abord, elle ne peut s'appliquer qu'à des mouvements exécutés sur place et sans translation de l'insecte, puisque l'image n'est visible que par la répétition d'impressions successives sur la rétine de l'observateur. En outre, elle ne laisse qu'une sensation subjective et très passagère dont on ne peut donner une idée que par des dessins parfois infidèles. La photographie traduit, sous forme d'une image permanente, la trajectoire des mouvements de l'aile d'un insecte à laquelle on a attaché une paillette brillante d'or ou d'argent battu ; et cette trajectoire est obtenue, sinon pendant le vol libre, du moins pendant le vol captif et dans des conditions où la translation de l'animal est assez rapide.

Voici la disposition que j'ai adoptée pour ces expériences. Une caisse de bois carrée, d'un mètre de diamètre sur 0m,25 de profondeur, est doublée intérieurement de velours noir (fig. 28). La paroi antérieure de cette caisse est formée d'un disque plein

1. *Annales des Sciences naturelles (Zoologie)*, t. XII.

central porté par un pied intérieur et d'une partie extérieure percée d'un trou plus grand que le disque. Il existe donc, entre le disque central et le reste de la paroi, un espace annulaire vide s'ouvrant sur l'intérieur de la caisse et présentant l'aspect d'un

Fig. 28. Écran noir annulaire pour la photographie des mouvements des ailes des insectes.

anneau parfaitement noir. C'est devant ce champ annulaire qu'on fait voler l'insecte. A cet effet, une aiguille, plantée au centre du disque et perpendiculairement au plan de celui-ci, sert d'axe à un petit manège formé d'une paille et de son contrepoids. A l'extrémité de cette paille est fixée une pince légère, sorte de *serre fine*[1], avec laquelle on saisit l'insecte par un point de son abdomen. Dès que l'insecte est ainsi attaché, on l'abandonne à lui-même et il vole en entraînant le manège d'un mouvement circulaire assez rapide qui dure indéfiniment. Si une paillette d'argent a été adaptée à l'extrémité d'une des ailes tournées du côté de l'appareil photographique, on obtient la trajectoire de cette paillette brillante pendant le vol.

La figure 29 est donnée par une libellule. L'insecte était saisi par la pince à la partie antérieure de l'abdomen; le dos de l'animal était dirigé du côté du centre du manège; le vol se faisait

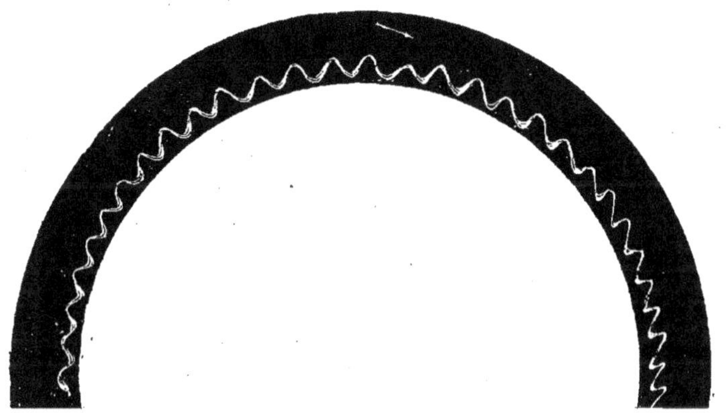

Fig. 29. Aspect de la trajectoire de l'aile dorée d'une libellule qui vole circulairement au-devant d'un fond noir.

de droite à gauche; enfin, la lumière solaire arrivait parallèlement au plan de la caisse et suivant la direction représentée par une petite flèche.

La courbe tracée par les mouvements de la pointe de l'aile n'est pas une sinussoïde comme celle que tracerait une tige vibrante; cette courbe est le résultat du déploiement d'une *lemniscate* qui se déplacerait.

On voit aussi que, pendant ses inflexions diverses, la courbe présente périodiquement des augmentations et des diminutions de largeur. Ces changements sont dus à des inflexions du plan de l'aile par la résistance de l'air. Or, comme, suivant qu'elle s'élève

---

1. On nomme ainsi de petites pinces en fil d'argent dont les chirurgiens se servent pour affronter les lèvres des plaies faites par instrument tranchant.

ou qu'elle s'abaisse, la membrane de l'aile est plus ou moins favorablement orientée pour que la paillette d'argent qui lui est appliquée reflète la lumière solaire, il s'ensuit que l'éclat plus ou moins vif des différentes parties de la courbe renseigne sur l'orientation du plan de l'aile aux différentes phases de la trajectoire et l'inclinaison de ce plan se déduira de la direction connue des rayons lumineux qui frappent l'aile.

Ces études devront être reprises sur un grand nombre d'espèces d'insectes en faisant varier l'orientation de l'animal par rapport au cercle qu'il parcourt, la résistance qu'il doit vaincre, la position et l'étendue du point brillant appliqué à son aile.

Chrono-photographie.

Il manque toutefois un élément important aux photographies des trajectoires que nous venons de décrire, c'est la notion du temps. Nous savons par quels lieux de l'espace le point lumineux a passé, mais nous ignorons encore le chemin qu'il a fait à chaque instant de son parcours. Cette notion du temps s'obtient de la manière suivante.

Au lieu de tenir l'appareil photographique ouvert en permanence devant le point lumineux en mouvement, interrompons la lumière à des intervalles réguliers et connus ; nous obtiendrons une trajectoire discontinue, parce que les admissions de la lumière dans l'appareil sont intermittentes.

Pour produire ces intermittences dans l'éclairage, on fait tourner devant l'objectif, au moyen d'un rouage uniforme, un disque qui fait dix tours par seconde et qui porte dix fenêtres ; il y aura donc, à chaque seconde, cent admissions de lumière dans l'appareil photographique. De cette manière, la trajectoire présentera des interruptions qui mesureront l'espace parcouru par le corps lumineux en un centième de seconde. Suivant la vitesse de translation d'un point lumineux, sa trajectoire sera formée de points très serrés ou de lignes plus ou moins allongées, la longueur de ces lignes représentant l'espace parcouru par le point pendant la durée de l'éclairement. Dans la courbe parabolique d'un corps qui tombe après avoir reçu une impulsion horizontale, la trajectoire (fig. 30) présente des images très pressées à la partie supérieure, alors que le mobile avait peu de vitesse, et

de plus en plus espacées en bas de la figure, à mesure que la
chute s'accélérait. Le disque interrupteur de la lumière était percé
de dix fenêtres dont l'une, plus large que les autres, donne nais-
sance à une image plus intense. On a obtenu de la même manière (fig. 31) la trajectoire d'un disque d'ivoire qui tombe sur
une table de marbre et rebondit.

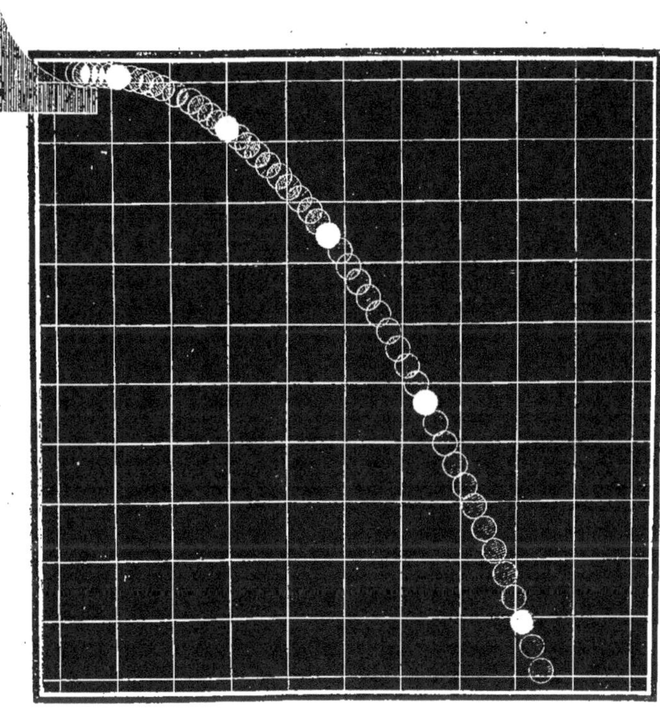

Fig. 30. Trajectoire chronographique d'un corps qui tombe après avoir reçu une vitesse
de translation horizontale.

Certains corps en mouvement exécutent, pendant leur translation, des mouvements sur eux-mêmes ou des changements d'orientation qu'il est très intéressant de connaître. Ainsi j'ai vivement
regretté autrefois, lorsque j'étudiais les phénomènes mécaniques
du vol, de n'avoir aucun moyen de déterminer avec précision les
changements d'orientation que prenaient, aux différentes phases
de leur trajectoire dans l'air où ils volent, de petits appareils en
papier découpés dans la forme d'un oiseau. M. Pline, qui a imaginé ce genre d'expériences, a montré que ces petits appareils

planeurs suivent des trajectoires très différentes suivant la position de leur centre de gravité, la courbure de leurs ailes, la largeur de leur surface, la longueur et la direction de leur queue. La connaissance de ces mouvements est de la plus haute importance pour éclairer le mécanisme du vol *plané* de certains oiseaux.

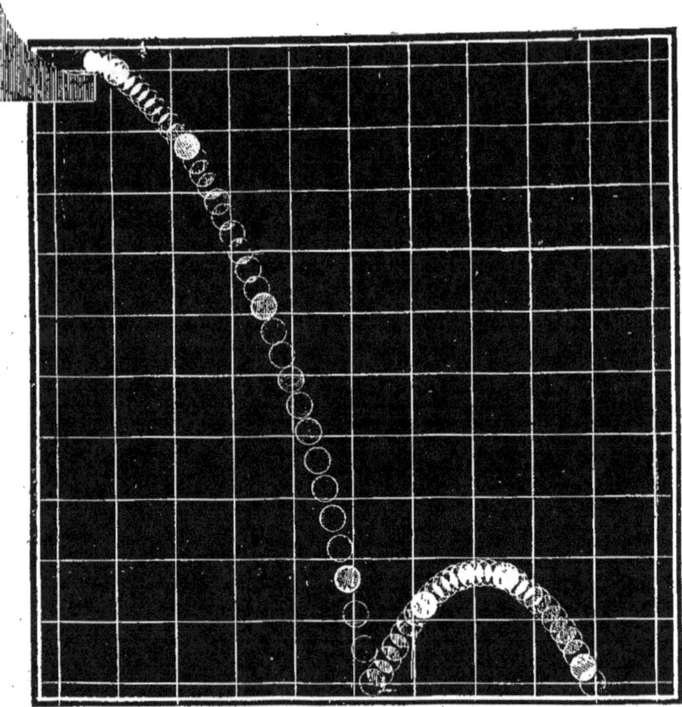

Fig. 31. Trajectoire chronographique de la chute et des rebondissements d'un corps élastique

Si l'on tient un de ces petits appareils verticalement suspendu par l'extrémité de la queue, ainsi qu'on le voit figure 32, et qu'on l'abandonne tout à coup, on le voit tomber d'abord presque verticalement, puis infléchir sa course et se porter en avant, d'un mouvement accéléré que la résistance de l'air ramène bientôt à une vitesse uniforme. La trajectoire décrite est parfois très tendue et l'appareil, tombant de deux mètres de hauteur par exemple, peut parcourir une distance de 7 ou 8 mètres avant de toucher le sol. D'autres fois, après un certain trajet descendant, l'appareil remonte à une hauteur assez grande, imitant cet acte des oiseaux de proie que les fauconniers ont appelé la *ressource*. Ces changements de direction du mobile tiennent à des différences dans l'inclinaison de son plan. Mais on ne peut qu'entrevoir vaguement ces actes à succession rapide, et l'œil n'estime que d'une façon grossière les inflexions de la trajectoire parcourue. Pour déterminer les influences qui changent la vitesse ou la direction de l'appareil dans l'air, il est indispensable de connaître avec précision sa trajectoire et ses attitudes, dans une série d'expériences où l'on fait varier les conditions de forme, de surface ou d'équilibre du système. La photographie donne tous ces ren-

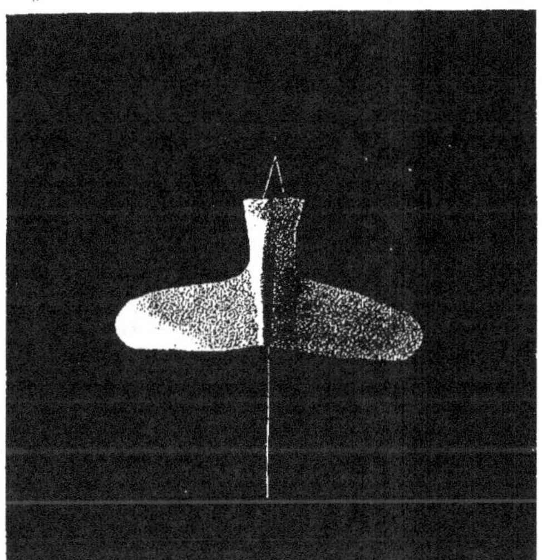

Fig. 32. Appareil planeur en papier vu par sa face supérieure,

seignements; aussi croyons-nous extrêmement important de signaler à ceux qui s'occupent de locomotion aérienne les avantages qu'ils retireront des photographies instantanées successives.

Soit (fig. 32) un appareil planeur construit d'après les données adoptées par M. Pline. Deux ailes symétriques taillées dans du papier forment entre elles un angle dièdre ouvert supérieurement. Au fond de cet angle est logée une tige d'acier mince terminée à l'une de ses extrémités par une boule de cire. Ce petit lest peut glisser le long de la tige de manière à porter le centre de gravité du système plus ou moins loin en avant des ailes. D'autre part,

une queue formée d'une languette de papier est placée en arrière
de l'appareil. On peut donner à cette queue toutes sortes d'inclinaisons; les ailes aussi peuvent être courbées en sens divers.
Tous ces changements, avons-nous dit, modifient la trajectoire
de l'appareil. Or, pour connaître, dans chaque cas, la position
et l'orientation de l'appareil aux différents points de son parcours, il suffit de recourir aux photographies instantanées succes-

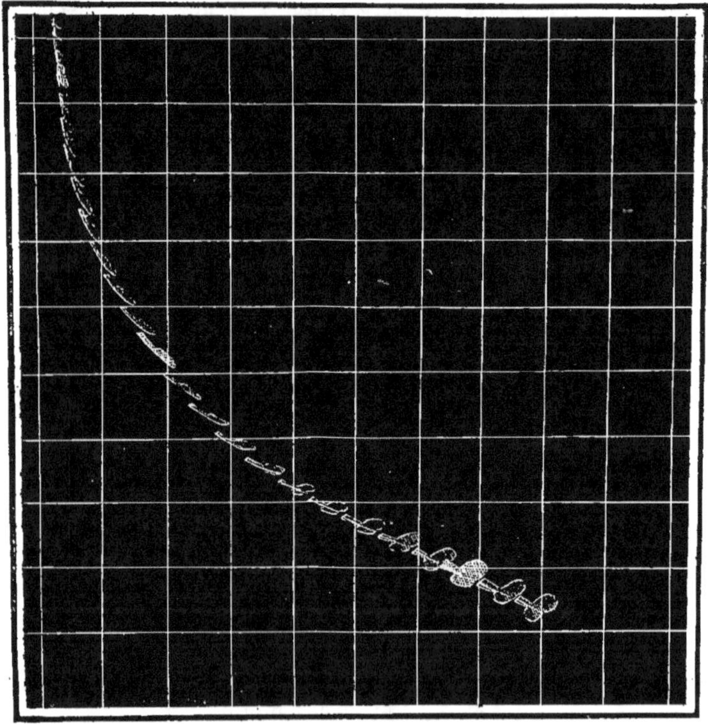

Fig. 33. Trajectoire chronographique de l'appareil planeur abandonné à sa chute libre.

sives. La figure 33 montre les différentes phases du mouvement
de l'appareil planeur, avec sa trajectoire, ses changements de
plan et ses variations de vitesse, depuis le moment où on le
laisse tomber verticalement, jusqu'à celui où il a atteint une
vitesse assez grande dans le sens horizontal.

En signalant cette application des photographies instantanées
successives sur une même glace, nous espérons attirer l'attention

des expérimentateurs qui poursuivent l'important problème du vol mécanique[1].

Détermination du synchronisme entre les différents points de plusieurs trajectoires recueillies simultanément.

L'analyse des actions compliquées de la mécanique animale exige le plus souvent qu'on détermine les trajectoires de plusieurs points à la fois. Il faut alors connaître les mouvements relatifs de ces différents points; ainsi, on sait que, dans la marche, la jambe et le bras d'un même côté exécutent des mouvements de sens contraires. Il n'est pas moins nécessaire de déterminer les rapports qui existent entre les soulèvements ou réactions ver-

1. La chrono-photographie contient la solution de tous les problèmes de physiologie, de physique ou de mécanique dans lesquels il faut déterminer, à des temps égaux, la position d'un corps en différents points de l'espace. On sait qu'avec la méthode actuelle, la détermination de ces passages n'est possible que dans des cas fort restreints. Imaginons, par exemple, qu'on doive déterminer la résistance de l'air en faisant tomber des plans de formes ou de surfaces différentes, chargés de poids plus ou moins grands. Il faudra apprécier l'instant où la vitesse de chute de ces corps est uniforme, et en outre déterminer, à l'instant où cette uniformité est atteinte, l'espace parcouru dans l'unité de temps, sous l'influence de charges graduellement croissantes. La chrono-photographie donnera facilement la solution d'un tel problème, mais à une condition : c'est que les intervalles de temps qui séparent deux admissions successives de lumière soient parfaitement connus et rigoureusement égaux entre eux.

En adaptant un bon régulateur au rouage qui fait tourner le disque interrupteur, on est à peu près sûr de l'égalité des intervalles de temps qui séparent les éclairements successifs; mais la valeur absolue de ces intervalles est basée tout entière sur le parfait réglage du moteur. Aussi est-il préférable de contrôler sans cesse la vitesse du disque en inscrivant en même temps, sur un cylindre tournant, le nombre des tours qu'il fait et les vibrations d'un diapason qui sert d'étalon. (Voir *Méth. graphique*, p. 152.) Il m'a semblé plus simple de recourir directement à l'emploi du diapason pour produire les admissions intermittentes de la lumière. A cet effet, je fais construire un appareil dans lequel un diapason entretenu par l'électricité fera osciller dans l'intérieur de l'objectif deux écrans fenêtrés qui laisseront passer la lumière aux instants où les fenêtres se trouveront en face l'une de l'autre. La facilité de régler la fréquence des vibrations au moyen de curseurs permettra de changer, suivant le besoin, la fréquence des éclairements, ce qui n'était guère possible, avec les appareils rotatifs, qu'en changeant le nombre des fenêtres du disque.

Ajoutons que si l'on fait vibrer synchroniquement les diapasons de deux ou plusieurs appareils photographiques braqués sur le corps en mouvement, suivant les trois dimensions de l'espace, on obtiendra la trajectoire chronographique complète du corps, et non plus seulement la projection de cette trajectoire sur un plan. Des éclipses de lumière supprimant au même instant l'éclairement dans tous les appareils pendant la durée de deux ou trois vibrations des diapasons produiraient les repères indispensables pour la comparaison des différentes courbes chrono-photographiques recueillies simultanément.

ticales du corps d'un cheval et les actions de ses membres, entre les oscillations du corps d'un oiseau et les mouvements de ses ailes, etc.

Pour qu'on puisse juger des positions relatives de différentes parties du corps à un même instant, il faut qu'à cet instant il se produise un signe particulier dans chacune des courbes tracées. Ce signe servira de *repère* pour montrer la position que chacun des points considérés occupait à un moment donné.

La méthode ci-dessus décrite, et qui consiste à donner à l'une des fentes de la roue interruptrice une largeur double de celle des autres, produit, à des intervalles de temps connus, des images

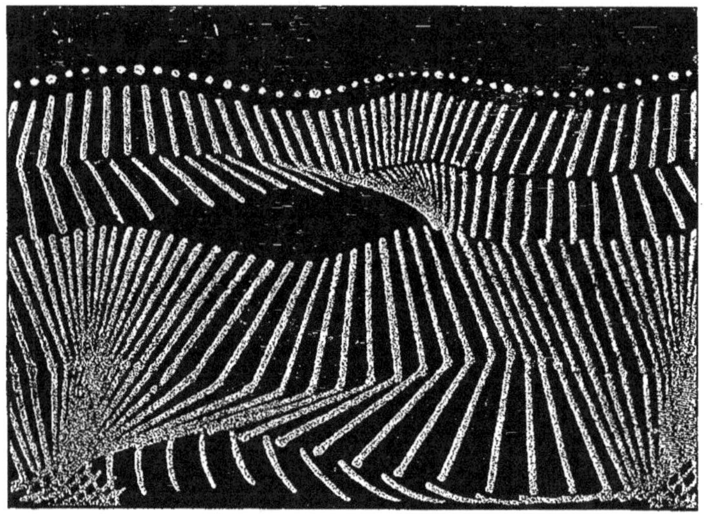

Fig. 34. Marche de l'homme. Trajectoire des différentes articulations ; inclinaisons des divers rayons osseux. Les positions de la tête ne sont pas représentées dans la figure.

plus intenses qui servent de points de repères et permettent de déterminer, sans hésitation possible, les positions relatives des différents points du corps à chaque fraction de seconde.

Cette disposition présente encore un avantage, celui de faciliter l'évaluation des temps sur une trajectoire ; rien n'est plus facile, en effet, que de compter, sur une longueur donnée d'une courbe, combien il existe de ces groupes de points séparés par deux repères consécutifs.

La figure 34 montre les trajectoires du pied, du genou, de la hanche et de l'épaule sur un homme qui marche lentement. Sur cette figure se voient aussi les inclinaisons diverses des rayons osseux des membres, de sorte que le lecteur assiste aux modifications successives des attitudes que prend le corps aux différents instants de la marche.

En soumettant une figure de ce genre à un agrandissement, au moyen des procédés employés par les photographes, c'est-à-dire en projetant à la lanterne magique l'image d'un cliché sur une grande feuille de papier sensible, on obtient des épreuves sur lesquelles on peut, comme sur une épure, déterminer les lieux géométriques de chacune des articulations, la façon dont chacune des trajectoires s'engendre, la vitesse à chaque instant des différents points considérés; enfin, tout ce qui a trait aux conditions cinématiques du mouvement représenté.

Dans la figure 34, c'est la moitié droite du corps qui seule a donné son image, mais comme, dans une marche régulière, les deux moitiés du corps exécutent les mêmes actes d'une manière alternative, on obtiendrait la représentation des mouvements du corps tout entier en superposant l'un à l'autre deux clichés transparents auxquels on ferait subir, dans le sens horizontal, un glissement égal à la longueur d'un demi-pas. De cette façon, les lieux des posés du pied gauche tomberaient dans l'intervalle de ceux du pied droit.

Analyse cinématique des mouvements du membre inférieur pendant la marche.

Un pas complet peut se décomposer, pour chacun des membres inférieurs, en deux parties, l'une correspondant à la période d'appui du pied et l'autre à la période de levé. La figure 35 représente les positions remarquables du membre inférieur droit pendant l'appui : ces positions sont indiquées par une ligne pleine dont les brisures expriment l'inflexion plus ou moins prononcée de la jambe sur la cuisse et du pied sur la jambe. Des lignes ponctuées expriment la position du membre inférieur gauche au moment des doubles appuis, montrant que le pied gauche repose sur le sol, au début et à la fin de l'appui du pied droit.

Si nous ne considérons que les actes exécutés par le membre inférieur droit, nous voyons qu'il repose sur le sol, d'abord par le talon en A, puis par la pointe en B. La durée du pivotement du membre autour du talon est environ les 3/5 de celle de l'appui total : on en juge par le nombre des images contenues dans cette période. La durée du pivotement autour de la pointe est donc les 2/5 de l'appui.

A chacun des instants représentés dans la figure 35, la longueur effective du membre est exprimée par une droite ponctuée qui joint le point d'appui du pied sur le sol à l'articulation de la hanche. Cette ligne, que nous appellerons rayon du membre, change de longueur suivant que la jambe est fléchie ou étendue sur la cuisse, et suivant que le pied est étendu ou fléchi sur la jambe.

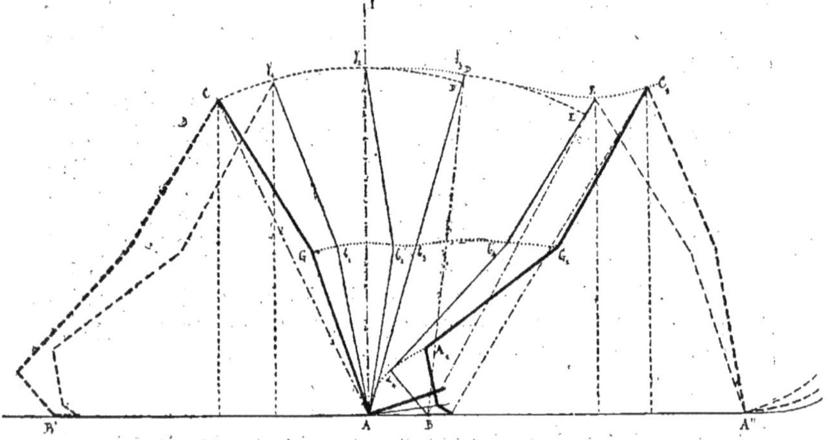

Fig. 35. Épure construite d'après la photographie de la marche (fig. 34) pour montrer les positions remarquables du membre inférieur droit, les trajectoires de la cheville, du genou et de la hanche, pendant la période d'appui du pied droit et les phases de double appui qui la précèdent et qui la suivent.

On mesure aisément l'angle G G′ que la cuisse forme avec la jambe au niveau du genou et l'on constate que le genou, de plus en plus fléchi à partir du posé du pied, se redresse en b^3, puis se plie de nouveau jusqu'à la fin de l'appui du pied. Le pied droit, qui pose exclusivement par le talon, s'applique ensuite par toute sa surface, et le talon ne se détache qu'à partir du moment où la jambe est étendue sur la cuisse en b^3.

Enfin, la trajectoire de chacune des articulations se comprend facilement sur cette figure. La cheville du pied est d'abord immobile, tant qu'elle constitue le centre du mouvement des rayons du membre inférieur; puis elle décrit un arc de cercle A A′ dont le centre serait en B au voisinage de la pointe du pied.

Le genou G décrit un arc de cercle parfait, tant que la jambe tourne autour de A comme centre, mais aussitôt que le talon s'élève et que le point d'appui du pied passe en B, la trajectoire du genou, au lieu de s'abaisser vers la terre suivant sa direction primitive, se relève, par suite de l'allongement du rayon du membre, et décrit la courbe $b^5 b^4 G'$ qui se rapproche plus ou moins d'une droite horizontale.

Enfin, la trajectoire de la hanche C C' diffère de celle du genou à cause des changements de longueur qu'éprouve le rayon du membre sous l'influence des flexions et extensions de la jambe sur la cuisse.

Il n'y a pas lieu de développer ici les considérations cinématiques relatives à la locomotion humaine; nous voulions seulement faire voir que, sur des photographies agrandies, on peut faire les constructions géométriques nécessaires pour déterminer avec une exactitude parfaite les positions successives des membres.

<hr>

RÉSUMÉ

Dans tous les cas où l'inscription directe d'un mouvement est impossible, on peut recourir à l'emploi de la photographie. Celle-ci présente deux modes d'application différents :

1° *Silhouettes successives sur fond clair*. — Si le corps à photographier se détache sur un fond clair, on en obtient une silhouette ou une série de silhouettes successives prises à des instants connus. Des appareils multiples disposés en série, des objectifs multiples démasqués tour à tour par un disque fenêtré, des instruments basés sur la rotation saccadée d'une plaque sensible, tels sont les différents moyens d'avoir une série d'images indépendantes à des intervalles de temps très courts parfois, puisqu'on en peut recueillir jusqu'à 12 ou 15 par seconde. Le temps de pose dans ces conditions peut être extrêmement court, si le champ au-devant duquel le corps en mouvement se détache en noir est assez vivement éclairé.

2° *Images sur fond obscur*. — Cette méthode présente sur la précédente de notables avantages. Simplification des appareils, puisqu'un simple disque fenêtré, tournant devant l'objectif d'une chambre photographique ordinaire, suffit pour donner une série d'images disposées sur une même plaque. Ces images, susceptibles d'un beau modelé, renseignent plus complètement sur les caractères du mouvement qu'on étudie, principalement quand il s'agit de la locomotion de l'homme ou d'un animal.

Les difficultés inhérentes à cette méthode tiennent d'abord à la nécessité d'opérer sur un animal ou sur un objet de couleur blanche, et à celle de se placer devant un champ noir sur lequel le corps en mouvement se détache. Ces conditions remplies, le succès ne dépend plus que de l'intensité de la lumière qui éclaire le corps en mouvement, car de l'intensité de cette lumière dépend la brièveté des temps de pose et la netteté des images. Dans nos climats, l'extrême rareté d'une atmosphère pure et d'un soleil éclatant rend ces expériences assez difficiles, tandis qu'en d'autres pays elles donnent, à peu près chaque jour, d'excellents résultats. Pour compenser l'insuffisance de l'éclairage, il faut prendre un objectif à court foyer, afin de concentrer dans la plus petite image possible la lumière qui émane de l'objet en mouvement. Les éclairages artificiels seront précieux pour les expériences de physique dans lesquelles on devra déterminer la trajectoire d'un point. En opérant la nuit, sur un point de lumière électrique, on aura certainement des trajectoires chronographiques d'une précision admirable.

Cette méthode est d'autant plus précieuse qu'elle s'adresse à des problèmes insolubles autrement; mais il me semble excessif d'appliquer la photographie à l'inscription de phénomènes où l'on dispose d'une force mécanique suffisante pour actionner les appareils inscripteurs. Du reste, la chrono-photographie devra bien souvent être employée concurremment avec les procédés d'inscription directe des phénomènes. Ainsi, lorsqu'on étudie les conditions dynamiques de la locomotion, il faut recueillir à la fois les courbes du dynamomètre inscripteur et des trajectoires chrono-photographiques. Dans ces cas, on doit établir, entre ces deux ordres de courbes, des repères de synchronisme, afin de les rendre comparables entre elles.

FIN

10476. — Imp. A. Lahure, 9, rue de Fleurus, à Paris.

G. MASSON, ÉDITEUR, LIBRAIRE DE L'ACADÉMIE DE MÉDECINE
120, BOULEVARD SAINT-GERMAIN, EN FACE DE L'ÉCOLE DE MÉDECINE.

CARL VOGT

LES MAMMIFÈRES

1 vol. grand in-4°

40 PLANCHES HORS TEXTE — 265 FIGURES

Broché. . . . . **32 fr.**

Richement relié . . . . **42 fr.**

EN COURS DE PUBLICATION :

*Le même Ouvrage publié en 54 livraisons, paraissant tous les jeudis
depuis le 1er mai 1884*

Prix de la Livraison : UN franc

S'il nous fallait avouer notre secrète préférence, peut-être n'hésiterions-
nous pas à placer en tête des deux ou trois plus beaux volumes de cette
année le magnifique ouvrage que vient de mettre en vente la librairie Masson.
Les Mammifères, de Carl Vogt, sont assurément l'un des ouvrages les plus
remarquables de la science moderne. Ce livre, conçu d'après un plan absolument nouveau et exécuté avec une précision et une sûreté vraiment extraor-
dinaires, donne au public des aperçus tout à fait inconnus. Après avoir décrit
avec un grand charme de style l'animal dont il s'occupe, l'auteur fait suivre
son article d'un travail sur la distribution géographique et la descendance de
chaque espèce : travail entièrement nouveau et d'un intérêt indéniable. Dési-
reux seulement de donner des renseignements précis, Carl Vogt rejette impi-
toyablement tous les récits des voyageurs ou chasseurs dont le témoignage
peut paraître suspect. Aussi n'en coûte-t-il pas à l'auteur de faire des aveux
comme celui-ci (il s'agit du gorille) : « Malgré la grande abondance de matériaux recueillis dans ces dernières années, il est assez difficile de dire quelque chose de positif sur la vie, les mœurs et la répartition géographique de
ces singes remarquables dont l'organisation approche le plus de celle de
l'homme. Les chasseurs nègres brodent dans leurs récits, plus encore que ne
le font leurs confrères de la race blanche. Des observateurs sérieux n'ont vu
que de jeunes individus vivant en captivité ; aucun des anthropomorphes appor-
tés en Europe n'a atteint au delà de l'âge de huit ans. Un seul blanc s'est
vanté d'avoir tué un gorille, sans qu'on puisse attacher trop de croyance à son
dire. » Cela est clair et suffit à montrer que l'auteur a tenu à ne mettre en
œuvre que des matériaux absolument irréprochables. Les singes, qui servent

de thème à la première partie du volume, sont étudiés avec une conscience et une sûreté de main incomparables. Il faut lire ces descriptions vivantes du gorille, du chimpanzé, de l'orang, du macaque, du cynocéphale nègre, du magot, du babouin, du mandril.

Si de ces habitants hideux de l'ancien monde nous passons aux singes du nouveau monde, nous trouvons des spécimens non moins horribles de ces quasi-hommes : le satan, un nom qui promet; le miriki, le makari, le sassnassou, le saïmiri, le douroucouli, l'ouistiti, ce petit vieillard laid mais adoré des dames. Un chapitre qui ne le cède pas en intérêt à celui des singes est l'étude que Carl Vogt a consacrée à ces espèces de monstres, moitié oiseaux, moitié mammifères, mais mammifères en réalité : les chauves-souris, l'oreillard, la barbastelle, le murin, la noctule, la pipistrelle, le rhinopome à petite feuille, le vampire, le grand fer-à-cheval, ont tour à tour leur description exacte, judicieuse et savante. Puis viennent les hérissons, les loups, les chacals, le dingo, les renards, les hyènes. La grande tribu des félins y trouve aussi sa place, depuis le lion jusqu'au chat domestique, du tigre au chat ganté, de la panthère au serval, du jaguar et du couguar à l'eyra et au lynx. Avons-nous besoin de mentionner les civettes, la genette, le musang, le mampalon, l'ichneumon rat de Pharaon, l'ichneumon Mungoz ? Qu'il nous suffise de dire que tous les mammifères sont là étudiés avec un soin et une science irréprochables. Toutes les variétés d'ours : l'ours grizzli, l'ours brun, l'ours noir, l'ours malais, l'ours jongleur ; les blaireaux, les martres, zibeline, fouine, les putois, l'hermine, le furet, la belette, les loutres, les otaries, les phoques, les morses hideux, les dauphins, depuis celui qui porta jadis Arion jusqu'au redoutable épaulard, le rorqual, la baleine, le lamantin, les éléphants, les tapirs, les rhinocéros, les zèbres, les sangliers, les cerfs, les antilopes, les chèvres, les moutons, les bisons, les girafes, les chameaux, les lamas, les écureuils, les rats, les porcs-épics, les lièvres, les paresseux, etc. Tout cela vient à sa place.

Il nous faudrait nommer tour à tour chaque espèce, chaque variété. Disons donc une fois pour toutes que cette histoire naturelle des *Mammifères*, édition française originale, est absolument irréprochable, et qu'elle fait le plus grand honneur au talent de son auteur. — J'ai remis jusqu'ici à parler de l'illustration de cet ouvrage, illustration composée de 40 planches hors texte et de 265 figures dessinées par Frédéric Specht et gravées sur bois sous sa direction. Ce que j'ai à en dire sera court, et le voici : Jamais, à mon sens, ni en France ni ailleurs, il n'a été donné de voir une illustration semblable. C'est, sans aucune flatterie et sans aucune intention de réclame, ce que nous avons vu de plus parfait en ce genre. Il serait impossible de se figurer la tournure, la façon d'être de chaque animal, mieux rendues qu'elles ne le sont dans cet ouvrage. J'ai voulu revoir et comparer les belles illustrations de la première édition de Buffon avec celle-ci, et j'avoue en toute sincérité que tout l'avantage est du côté de l'illustrateur moderne. Je n'insisterai pas sur ces admirables planches, dont chacune mériterait une description, car elle contient un tableau complet, sans que la vérité scientifique en soit le moins du monde altérée. Je dirai seulement, pour tout résumer d'un mot, que c'est là, à notre avis, le chef-d'œuvre de l'illustration.....

(*Le Livre*, n° du 15 décembre 1883. Extrait.)

G. MASSON, ÉDITEUR, LIBRAIRE DE L'ACADÉMIE DE MÉDECINE
120, BOULEVARD SAINT-GERMAIN, EN FACE DE L'ÉCOLE DE MÉDECINE

DOUZIÈME ANNÉE

LA NATURE

REVUE DES SCIENCES

ET DE LEURS APPLICATIONS AUX ARTS ET A L'INDUSTRIE

Journal hebdomadaire illustré

HONORÉ PAR M. LE MINISTRE DE L'INSTRUCTION PUBLIQUE D'UNE SOUSCRIPTION
POUR LES BIBLIOTHÈQUES POPULAIRES ET SCOLAIRES

Rédacteur en Chef : GASTON TISSANDIER

VINGT-DEUX VOLUMES EN VENTE

Prix du volume broché : 10 fr.
Avec une reliure riche, dorée sur tranches : 13 fr. 50

LE VINGT-TROISIÈME VOLUME A COMMENCÉ AVEC LE NUMÉRO 575 (7 JUIN 1884)

LA NATURE paraît le samedi de chaque semaine. Chaque numéro est formé de seize pages à deux colonnes, avec de nombreuses gravures dans le texte.

Le journal forme chaque année deux beaux volumes de bibliothèques dont la collection est une véritable encyclopédie des découvertes et des travaux scientifiques de la France et de l'Étranger.

PRIX DE L'ABONNEMENT

Paris. Un an (deux volumes) . . 20 fr. »	Départements. Un an (deux vol.). 25 fr. »
— Six mois (un volume) . . 10 fr. »	— Six mois (un vol.). 12 fr. 50

Chaque volume de LA NATURE contient environ 300 gravures sur bois, cartes et diagrammes.

Depuis l'époque de sa fondation, le succès du journal *La Nature* a toujours été en grandissant et le nombre de ses lecteurs s'accroît sans cesse. C'est que *La Nature* répond à un véritable besoin de notre époque. C'est une encyclopédie qui enregistre les progrès de la science au fur et à mesure qu'ils se produisent; elle s'adresse à tous les âges, à l'étudiant qui veut apprendre, comme à l'homme de science qui veut être renseigné sur les travaux en dehors de ses études personnelles. *La Nature* compte parmi ses collaborateurs des ingénieurs, des médecins, des professeurs connus du public, qui parlent le langage qui leur est familier; le texte est sûr et on n'y rencontre pas les erreurs inévitables que commettent parfois ceux qui écrivent sur tous les sujets. Le soin qui s'attache à l'exécution des gravures est exceptionnel, et les figures qui accompagnent à profusion le texte sont faites par nos meilleurs artistes et nos graveurs les plus minutieux. Il y a dans l'illustration d'un livre de science un écueil à éviter, c'est celui de la fantaisie dans le dessin : quand il s'agit d'ethnographie, de paysages de contrées nouvelles, de types de races humaines, *La Nature* prend toujours la photographie pour guide, et évite ainsi toute cause d'inexactitude; enfin chaque fois que les explications peuvent être facilitées par la méthode graphique, des tableaux, des diagrammes et des courbes sont employés.

Enfin, *La Nature* publie un *Bulletin spécial* des comptes rendus des Sociétés savantes, et a donné un développement considérable à sa *Boîte aux lettres* et à ses *Recettes utiles*.

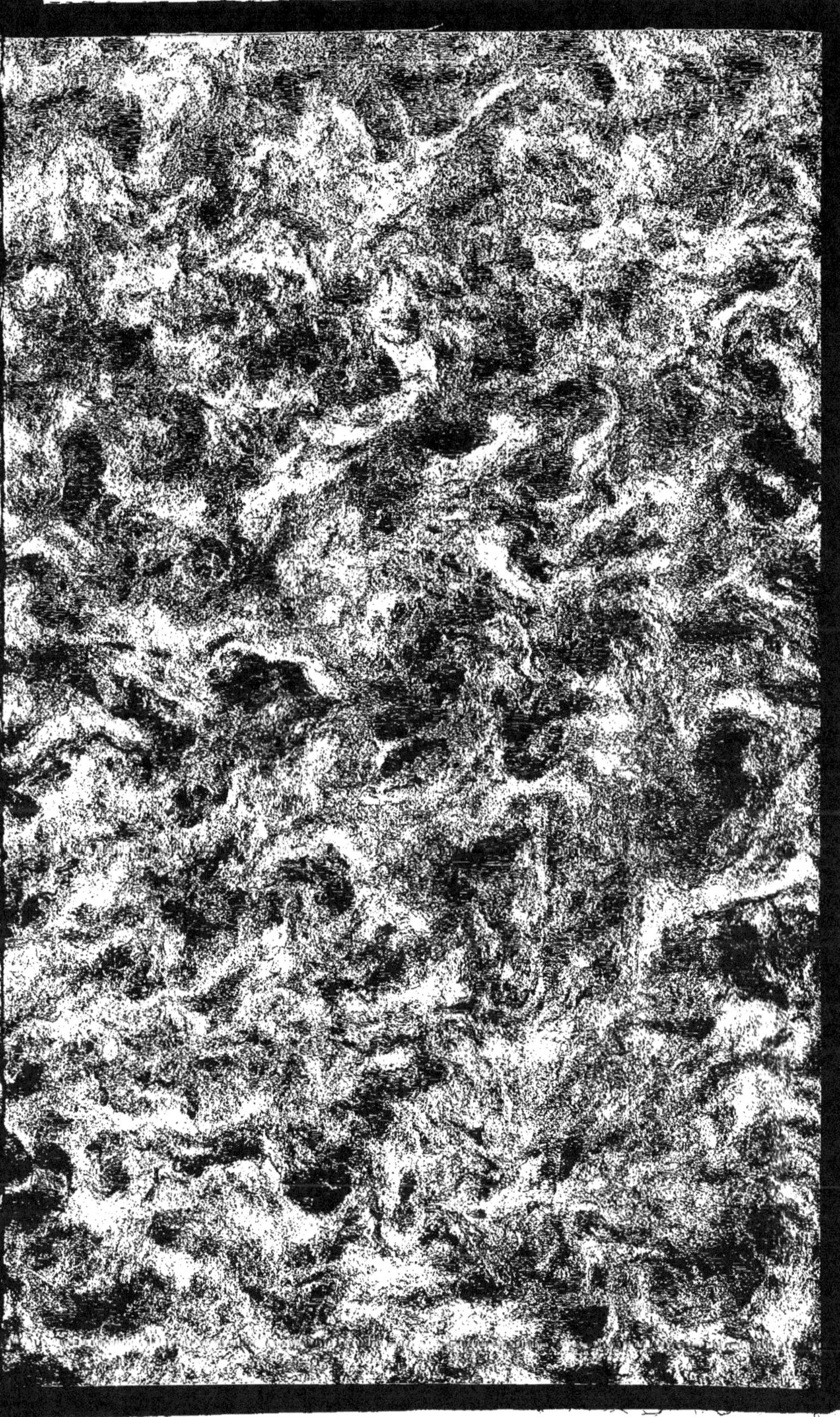